ΣBEST
シグマベスト

高校　これでわかる
基礎反復問題集

化学基礎

文英堂編集部 編

文英堂

この本の特色

1 徹底して基礎力を身につけられる

定期テストはもちろん，入試にも対応できる力は，**しっかりとした基礎力**の上にこそ積み重ねていくことができます。そして，しっかりとした基礎力は，**重要な内容・基本的な問題をくり返し学習し，解く**ことで身につきます。

2 便利な書き込み式

利用するときの効率を考え，**書き込み式**にしました。この問題集に直接答えを書けばいいので，ノートを用意しなくても大丈夫です。

3 参考書とリンク

内容の配列は，参考書「これでわかる化学基礎」と同じにしてあります。くわしい内容を確認したいときは，参考書を利用すると，より効果的です。

4 くわしい別冊解答

別冊解答は，**くわしくわかりやすい解説**をしており，基本的な問題でも，できるだけ解き方を省略せずに説明しています。また，**「テスト対策」**として，試験に役立つ知識や情報を示しています。

この本の構成

1 まとめ

重要ポイントを，**図や表を使いながら，見やすくわかりやすくまとめました。**
キー番号は 基礎の基礎を固める！ ページのキー番号に対応しています。
発展 …「化学基礎」の教科書で発展的内容として扱われている範囲。

2 基礎の基礎を固める！

基礎知識が身についているかを確認するための**穴うめ問題**です。わからない所があるときは，同じキー番号の「まとめ」にもどって確認しましょう。

3 テストによく出る問題を解こう！

しっかりとした基礎力を身につけるための問題ばかりを集めました。
必修 …特に重要な基本的な問題。
テスト …定期テストに出ることが予想される問題。
難 …難しい問題。ここまでできれば，かなりの力がついている。

4 入試問題にチャレンジ！

各編末に，実際の入試問題をとりあげています。入試に対応できる力がついているか確認しましょう。

もくじ

1編 物質の構成

2編 物質の変化

1編　物質の構成

序章　化学と人間生活

石器時代から，青銅器時代，鉄器時代へと進んだ。

1　□金　属

① **金・銀**…天然に金属として存在し，人類が最初に利用した金属。

② **銅・鉄**…人類が最初に行った金属の製錬は銅の製錬（紀元前 3000 年以前から）。その後，鉄の製錬が行われた。鉄は最も多く利用されている金属（現在利用されている金属の約 90%）。

③ **アルミニウム**…アルミニウムは化合力が強く，製錬は溶融した Al_2O_3 の電気分解による。➡多量に生産されるようになったのは 19 世紀末。

2　□セラミックス・プラスチック・合成繊維

① **セラミックス**…ケイ砂や粘土などを高温で処理してつくられるもの。
➡**陶磁器，ガラス，セメントなど。**

② **プラスチック**…おもに石油が原料。**ポリエチレン・ポリスチレン・ポリエチレンテレフタラート・ナイロン**など。**酸化されにくく，安定である。**
➡このため蓄積されることになり，地球環境にとって欠点となる。

③ **合成繊維**…おもに石油が原料。ポリエチレンテレフタラート・ナイロン・ビニロンなど。絹・羊毛・木綿などは**天然繊維**。

3　□食料の確保と保存

① **化学肥料**…かつては堆肥や排泄物などの**天然肥料**が多かったが，19 世紀には硫安や過リン酸石灰などの化学肥料が大量生産されるようになった。

② **食品添加物**…カビや細菌の繁殖を防ぐ**防腐剤**や食品の酸化を防ぐ**酸化防止剤**，ほかには着色料，甘味料，香料など。食品添加物のほかに食品の保存に使われるのは，鉄粉による**脱酸素剤**，シリカゲルによる**乾燥剤**など。

絹や羊毛は合成洗剤が適している。

4　□洗　剤

① **界面活性剤**…油などを水に混じらせて除く性質をもつ物質。**親油性**の部分と**親水性**の部分をもつ。➡洗剤

② **セッケン**…油脂と水酸化ナトリウム水溶液からつくるナトリウム塩。**水溶液は塩基性**で絹・羊毛に不適。硬水では沈殿する。

③ **合成洗剤**…石油を原料とするナトリウム塩。**水溶液は中性**。微生物に分解されない。洗浄補助剤によるプランクトンの発生。➡**水質汚染**

基礎の基礎を固める！

(　　)に適語を入れよ。　答➡別冊 *p.2*

1 金　属　1

① (❶　　　　)と(❷　　　　)…天然に金属として存在。人類が最初に利用した金属。

② (❸　　　　)…人類が最初に，製錬によって多量生産した金属。

③ (❹　　　　)…古くから製錬によって生産され，現在最も多く用いられている。

④ (❺　　　　)…溶融した化合物の電気分解によってとり出され，19 世紀末に多量生産されるようになった金属。

2 セラミックス・プラスチック・合成繊維　2

① セラミックスは，(❻　　　　)や(❼　　　　)などを高温で処理してつくられたもので，(❽　　　　)，ガラス，セメントなどがある。

② プラスチックは，(❾　　　　)を原料としてつくられ，(❿　　　　)されにくく，変化しにくいため(⓫　　　　)されることになり，環境汚染の原因となる。

③ 絹・羊毛・木綿などの(⓬　　　　)に対し，ポリエチレンテレフタラート，ナイロン，ビニロンなどは(⓭　　　　)で(⓮　　　　)を原料としてつくる。

3 食料の確保と保存　3

① 地球人口の増加にともない，食料の増産が重要となり，従来の堆肥や排泄物などの(⓯　　　　)肥料に対し，19 世紀には硫安や過リン酸石灰など(⓰　　　　)肥料が安価に大量生産されるようになった。

② **食品添加物**には，カビや細菌の繁殖を防ぐ(⓱　　　　)剤や食品の酸化を防ぐ(⓲　　　　)剤，着色料などがある。食品添加物のほかに食料の保存に使われるのは，鉄粉による(⓳　　　　)剤，シリカゲルによる(⓴　　　　)剤がある。

4 洗　剤　4

① 私たちの体や食器などの汚れを除く働きをする**洗剤**は，油などを(㉑　　　　)に混じらせて除く性質をもつ物質で，(㉒　　　　)剤と呼ばれる。

② **セッケン**は，油脂と(㉓　　　　)水溶液からつくられる。セッケンの水溶液は，(㉔　　　　)性を示すため，絹や羊毛の洗浄には不適当である。

③ **合成洗剤**の水溶液はほぼ(㉕　　　　)性を示すため，絹や羊毛の洗浄には適している。合成洗剤は，(㉖　　　　)によって分解されにくく，また，洗浄補助剤による(㉗　　　　)の異常発生などから，多量に使用すると水質汚染の原因となる。

テストによく出る問題を解こう！

答 ➡ 別冊 *p.2*

1 ［金属の利用の歴史］ テスト

次のア～オの金属について，下の①～⑤にあてはまるものを，（　）内の数だけ選べ。

ア 鉄　**イ** 金　**ウ** アルミニウム　**エ** 銅　**オ** 銀

① 天然に金属として存在する金属（2）　（　　　）

② 溶融した化合物から電気分解によってとり出す金属（1）　（　　　）

③ 人類が最初に製錬によってとり出した金属（1）　（　　　）

④ 19 世紀になってはじめてとり出した金属（1）　（　　　）

⑤ 現在，われわれが最も多量に利用している金属（1）　（　　　）

ヒント 化合力が小さく，空気中で変化しにくい金属は，天然に金属として存在する。

2 ［金属の性質と製錬技術の発展］ 必修

次の a ～ c の記述から，鉄，金，アルミニウム，銅の化合力の強さの順は，下のア～カのどれにあてはまるか。　（　　　）

a 石器時代につづき青銅器時代，ついで鉄器時代へと進んだ。

b アルミニウムの製錬は，加熱溶融した酸化アルミニウムの電気分解による。

c 金や銀は，天然に金属として存在する。

ア 金 ＞ 銅 ＞ 鉄 ＞ アルミニウム

イ 鉄 ＞ 銅 ＞ アルミニウム ＞ 金

ウ アルミニウム ＞ 銅 ＞ 鉄 ＞ 金

エ アルミニウム ＞ 鉄 ＞ 銅 ＞ 金

オ 鉄 ＞ アルミニウム ＞ 銅 ＞ 金

カ 銅 ＞ 鉄 ＞ 金 ＞ アルミニウム

ヒント 化合力の小さい金属ほど製錬が容易で，古くから利用されている。

3 ［セラミックス・プラスチック・繊維］

次の(1)～(4)にあてはまるものを，下のア～クから重複しないように 2 つずつ選べ。

(1) セラミックス　（　　　）

(2) プラスチック　（　　　）

(3) 天然繊維　（　　　）

(4) 合成繊維　（　　　）

ア ポリエチレン　**イ** セメント　**ウ** 絹

エ ビニロン　**オ** 木綿　**カ** ポリスチレン

キ ガラス　**ク** ナイロン

ヒント プラスチックと合成繊維には，共通のものがあるが，「重複しないように2つずつ選ぶ」ことに着目。

4 ［セラミックス・プラスチック］ テスト

次の⑴，⑵についてのア～ウの記述のうち，誤っているものを1つ選べ。

⑴ セラミックスについて （　　　）

ア 古くから利用されている。

イ 原料の1つに粘土がある。

ウ ガラスやダイヤモンドは，セラミックスである。

⑵ プラスチックについて （　　　）

ア 多くのプラスチックの原料は石油である。

イ ナイロンは合成繊維であり，プラスチックではない。

ウ 多くのプラスチックは，酸化されにくく，安定である。

5 ［肥料・食品添加物］

次の⑴～⑶にあてはまるものを，下の物質の組み合わせア～カからそれぞれ1つ選べ。

⑴ 天然肥料 （　　　）

⑵ 化学肥料 （　　　）

⑶ 食品添加物 （　　　）

ア 堆肥，硫安　**イ** 過リン酸石灰，防腐剤　**ウ** 硫安，過リン酸石灰

エ 堆肥，シリカゲル　**オ** 防腐剤，酸化防止剤　**カ** 排泄物，堆肥

6 ［洗　剤］ テスト

次の記述①～⑥について，セッケンにあてはまるものにはA，合成洗剤にあてはまるものにはB，セッケン・合成洗剤の両方にあてはまるものにはCを記せ。

① 界面活性剤である。 （　　　）

② 水溶液は，塩基性を示す。 （　　　）

③ 硬水中で沈殿しない。 （　　　）

④ 絹や羊毛の洗浄に適している。 （　　　）

⑤ 油脂を原料とする。 （　　　）

⑥ ナトリウムの化合物である。 （　　　）

ヒント どちらも親水性の電離部と疎水性の炭化水素基をもつ。

7 ［プラスチック・合成洗剤と環境汚染］ テスト

プラスチックと合成洗剤は，ともに多量使用すると環境汚染の原因となるが，次のア～オのうち，汚染の原因となる共通の性質を1つ選べ。 （　　　）

ア 燃える。　**イ** 水に溶ける。　**ウ** 加熱すると軟化する。

エ 分解しにくい。　**オ** プランクトンが異常に発生する。

ヒント 蓄積されることが原因の第一であることに着目。

1章 物質の成分と元素

5 □ 純物質と混合物

純物質…1 種類の物質からなる物質。**一定の融点・沸点を示す。**
混合物…2 種類以上の物質からなる物質。**一定の融点・沸点を示さない。**

6 □ 混合物の分離

ヨウ素やナフタレンが昇華しやすい。

① **ろ過**…ろ紙などを使って，**液体に混ざっている固体を分離する**操作。
② **蒸留**…液体の混合物を加熱し，**生じた蒸気を冷却して分離する**操作。
③ **分留**…液体の混合物を加熱し，**沸点の差**によって分離する操作。
④ **再結晶**…**温度による溶解度の差を利用して**分離する操作。
⑤ **抽出**…**ある成分物質だけを溶かす**溶媒(ようばい)を用いて分離する操作。
⑥ **昇華法**…固体の混合物から，**直接気体になりやすい物質**を分離する操作。
⑦ **クロマトグラフィー**…**物質の吸着力の差**を利用して分離する操作。

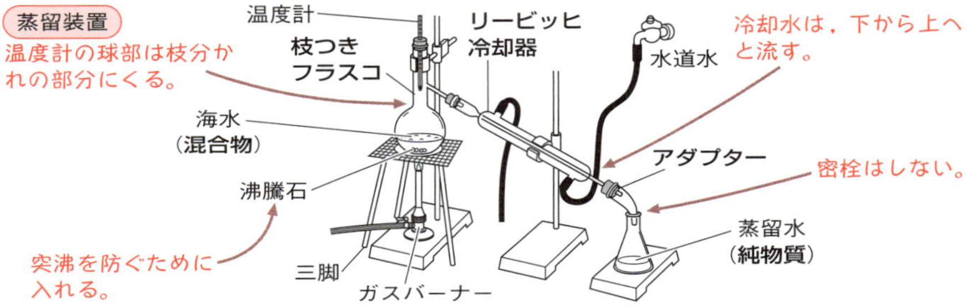

7 □ 元素の検出

元素は全部で約 120 種類ある。

① **炎色反応**…水溶液を白金線につけてバーナーの外炎に入れ，炎色を見る。 例 Na…**黄色**，K…**赤紫色**

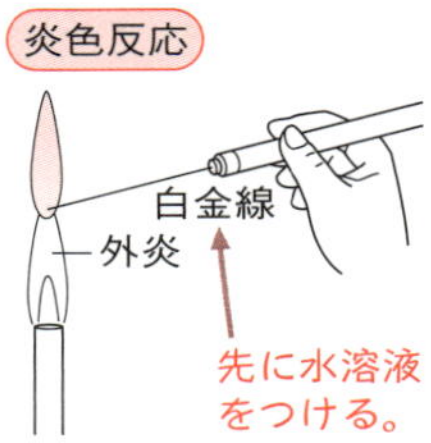

② **沈殿反応**
- 水溶液に**硝酸銀水溶液**を滴下すると白色沈殿➡ Cl
- 発生した気体を**石灰水**に通すと白色沈殿➡ CO_2

8 □ 単体と化合物

単体…1 種類の元素からなる物質。 例 酸素，炭素，鉄
化合物…2 種類以上の元素からなる物質。 例 水，塩化ナトリウム

9 □ 同素体

同じ元素からなる単体で，性質が互いに異なるもの。

例 炭素…ダイヤモンド，黒鉛　　リン…黄リン，赤リン

基礎の基礎を固める！

(　　)に適語を入れよ。　答 ➡ 別冊 *p.3*

5 純物質と混合物 ⊶5

① (❶　　　　　　)…1種類の物質からなるもので，融点・沸点は一定の値を示す。

② (❷　　　　　　)…2種類以上の物質が混ざったもので，融点・沸点は一定の値を示さない。

6 混合物の分離① ⊶6

① (❸　　　　　　)…ろ紙を使って液体に混ざっている固体を分離する操作。

② 分留…液体の混合物を加熱し，(❹　　　　　　)の差によって分離する操作。

③ 再結晶…温度による(❺　　　　　　)の差を利用して分離する操作。

④ (❻　　　　　　)…ある成分物質だけを溶かす溶媒を用いて分離する操作。

⑤ (❼　　　　　　)…固体の混合物から直接気体になりやすい物質を分離する操作。

7 混合物の分離② ⊶6

① 右の図の装置の器具名

A (❽　　　　　　)　B (❾　　　　　　)

C (❿　　　　　　)　D (⓫　　　　　　)

E (⓬　　　　　　)　F (⓭　　　　　　)

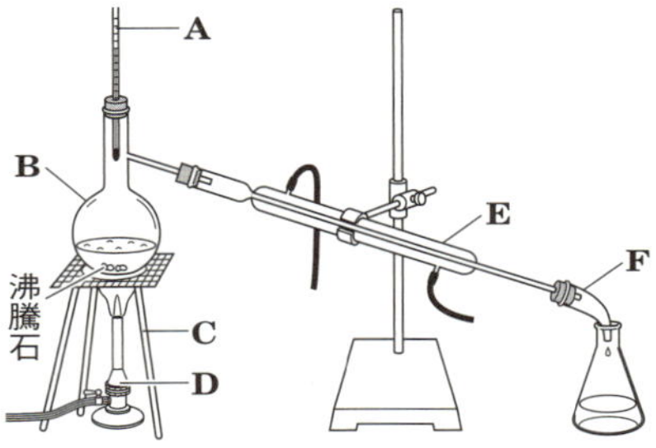

② 沸騰石は(⓮　　　　　　)を防ぐために入れる。

③ Aの球部は(⓯　　　　　　)の部分にくるようにとりつける。

④ 冷却水は(⓰　　　　　　)から(⓱　　　　　　)へ送る。

8 元素の検出 ⊶7

① 元素は物質を構成する基本的な成分で，約(⓲　　　　　　)種類ある。

② 水溶液を(⓳　　　　　　)線につけてバーナーの外炎に入れると，炎が黄色になった。この水溶液には成分元素として(⓴　　　　　　)が含まれている。

③ 水溶液に硝酸銀水溶液を滴下すると，白色沈殿が生じた。このことから，この水溶液には成分元素として(㉑　　　　　　)が含まれていることがわかる。

9 同素体 ⊶9

同じ元素からなる単体で，互いに性質が異なる物質を(㉒　　　　　　)という。硫黄や(㉓　　　　　　)，酸素，リンには同素体が存在する。

テストによく出る問題を解こう！

答 ➡ 別冊 *p.3*

8 ［純物質と混合物］

次の(1)，(2)にあてはまるものを，あとのア～オから選べ。

(1) ともに純物質である物質の組み合わせ　(　　　)

(2) ともに混合物である物質の組み合わせ　(　　　)

ア 空気，メタン　**イ** ガソリン，塩酸　**ウ** 鉄，土

エ ドライアイス，プロパン　**オ** 海水，塩化ナトリウム

ヒント 天然に存在する多くの物質は混合物である。

9 ［混合物と純物質の違い］

海水について述べた次のア～ウの文のうち，海水が「純物質ではなく混合物である」ことをよく示しているものはどれか。　(　　　)

ア 海水は無色・透明で，均一な液体である。

イ 海水の密度は，水より大きい。

ウ 海水を沸騰させると，沸点がだんだん高くなる。

ヒント 水の沸点は，1.013×10^5 Pa（1気圧）では，100℃（厳密には99.974℃）である。

10 ［混合物の分離］ テスト

次の(1)～(4)を行うには，あとのア～オのどの操作が適当か。

(1) 海水から純水を得る。　(　　　)

(2) すりつぶした植物の種から，エーテルを用いて油をとり出す。　(　　　)

(3) 不純物を含む硝酸カリウムの結晶から，純粋な硝酸カリウムの結晶を得る。
(　　　)

(4) ヨウ素と鉄粉の混合物を加熱してヨウ素を蒸発させ，冷却してヨウ素を得る。
(　　　)

ア 昇華法　**イ** 蒸留　**ウ** 分留　**エ** 抽出　**オ** 再結晶

11 ［混合物の分離の実験］ 難

右の図の装置や器具を用いて，食塩水をろ過し，その後，蒸留した。図の①～③の部分にあるものを，次のア～エから選べ。

① (　　　)
② (　　　)
③ (　　　)

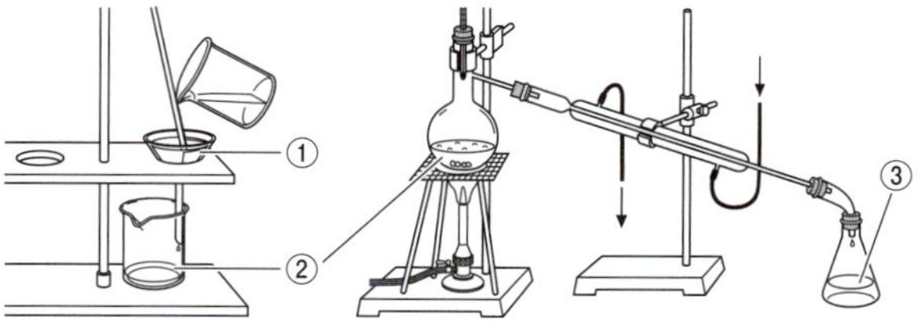

ア 水　**イ** 食塩　**ウ** 食塩水　**エ** 何も残らない

12 ［単体と化合物］ テスト

次のア～コの物質を，単体と化合物に分けよ。

単体（　　　　　）
化合物（　　　　　）

ア　オゾン　**イ**　エタノール　**ウ**　カルシウム　**エ**　氷
オ　メタン　**カ**　アルゴン　**キ**　塩化ナトリウム　**ク**　黄リン
ケ　斜方硫黄　**コ**　ドライアイス

13 ［元素の検出］

次の実験１，２を行った。A～Dの化学式を，あとのア～エから選べ。

A（　　　　）　B（　　　　）　C（　　　　）　D（　　　　）

［実験１］　A～Dの水溶液を白金線につけ，バーナーの外炎に入れると，AとDでは炎の色が黄色になり，BとCでは炎の色が赤紫色になった。

［実験２］　A～Dの結晶に希塩酸を加えると，AとBからは気体が発生した。この気体を石灰水に通したところ，白濁した。なお，CとDからは気体は発生しなかった。

ア　NaCl　**イ**　K_2CO_3　**ウ**　Na_2CO_3　**エ**　KCl

ヒント　**実験１**は炎色反応で，NaやKなどの元素を検出できる。**実験２**では，石灰水が白濁したことから発生した気体がわかる。

14 ［元素と単体］ 必修

次の(1)～(5)の文中の「酸素」は，元素と単体のどちらを示しているか。

(1)　空気中に酸素は，約20％含まれている。（　　　　）
(2)　アルコールは，炭素，水素，酸素からなる。（　　　　）
(3)　水を電気分解すると，水素と酸素が得られる。（　　　　）
(4)　負傷者が酸素吸入を受けながら，救急車で運ばれた。（　　　　）
(5)　地殻には，酸素が約50％含まれている。（　　　　）

ヒント　物質の基本的な成分を示すのが元素であり，物質そのものを示すのが単体である。

15 ［同素体］

同素体に関する次の(1)，(2)の問いに答えよ。

(1)　次の**ア～ウ**の文のうち，正しいものはどれか。（　　　　）

ア　同じ元素からなる物質で，性質が互いに異なるものを同素体という。
イ　同じ元素からなる単体で，性質が互いに異なるものを同素体という。
ウ　同じ元素で，質量数が互いに異なるものを同素体という。

(2)　次の**ア～オ**のうち，２つの物質が互いに同素体の関係にあるものはどれか。

（　　　　）

ア　鉛と黒鉛　**イ**　ダイヤモンドとケイ素　**ウ**　酸素とオゾン
エ　一酸化炭素と二酸化炭素　**オ**　メタンとエタン

2章 粒子の熱運動と温度

10 □ 物質の三態と状態変化

① **物質の三態**…物質の**固体**・**液体**・**気体**の3つの状態。

② **状態変化**…三態間の変化。固体を加熱すると液体，さらに気体に変化。

11 □ 状態変化と温度・エネルギー

蒸発熱は融解熱より大きい。

① **融解**…固体が熱を受け取って液体となる変化。逆が**凝固**。

② **融点**…一定圧力で固体が融解する温度。逆が**凝固点**。

③ **融解熱**…固体が融点で融解するとき受け取ったエネルギー。

④ **蒸発**…液体が熱を受け取って気体となる変化。逆が**凝縮**。

⑤ **沸騰**…液体の内部からも蒸発が起こる変化。その温度が**沸点**。

⑥ **蒸発熱**…液体が沸点で沸騰するとき受け取ったエネルギー。

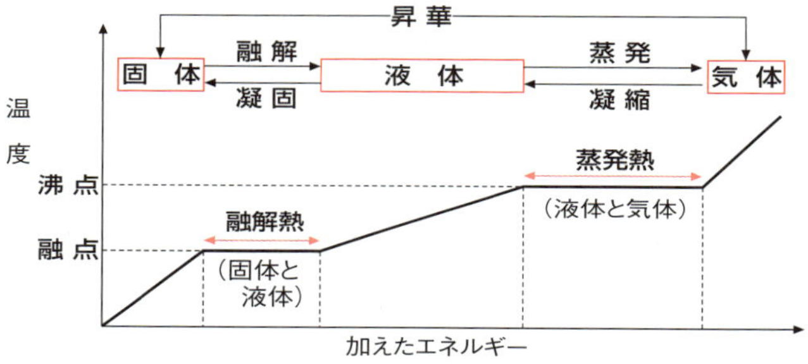

エネルギー状態は，気体が最も高く，固体が最も低い。

12 □ 物理変化と化学変化

① **物理変化**…状態の変化のような**物質の種類が変わらない**変化。

② **化学変化**…**物質の種類が変わる**変化。➡**化学式が変わる**。

13 □ 三態における熱運動と絶対温度

絶対零度が最低の温度。

① **熱運動**…物質を構成している粒子（原子・分子・イオン）のエネルギーに応じた運動。

② **熱運動と温度**…粒子の熱運動は，**物質の温度が高いほど激しい**。

③ **固体**…粒子は，定まった位置で振動している。

④ **液体**…粒子は集合しているが，互いに入れ替わったり，移動できる。

⑤ **気体**…粒子が互いに離れて高速で運動している。

⑥ **絶対零度**…熱運動が停止する温度で，**−273℃**。

⑦ **絶対温度**…絶対零度を基準とする温度。➡**セ氏温度**（**セルシウス温度**）t〔℃〕，絶対温度を T〔K〕とすると，T**〔K〕＝**t**〔℃〕＋273**

基礎の基礎を固める！

（　）に適語を入れよ。　答➡別冊 *p.4*

10 物質の三態と状態変化　10

（❶　　　）である氷を加熱すると（❷　　　）の水になり，水をさらに加熱すると，（❸　　　）の水蒸気となる。この（❶　　　），（❷　　　），（❸　　　）を**物質の三態**といい，これらの三態間の変化を（❹　　　）**変化**という。

11 状態変化と温度・エネルギー　11

① （❺　　　）…固体が熱を受け取って液体となる変化。
② （❻　　　）…液体が熱を放出して固体となる変化。
③ （❼　　　）…一定圧力で，固体が融解する温度。
④ （❽　　　）…固体が融点で融解するとき受け取ったエネルギー。
⑤ （❾　　　）…液体が熱を受け取って気体となる変化。
⑥ （❿　　　）…気体が熱を放出して液体となる変化。
⑦ （⓫　　　）…液体の内部からも蒸発が起こる変化。
⑧ （⓬　　　）…一定圧力で，沸騰するときの温度。
⑨ （⓭　　　）…液体が沸点で沸騰するとき受け取ったエネルギー。

12 物理変化と化学変化　12

① （⓮　　　）…状態の変化のように，**物質の種類が変わらない変化**。
② （⓯　　　）…**物質の種類が変わる変化**で，**化学式も変化する**変化。

13 三態における熱運動　13

① （⓰　　　）…物質を構成している粒子(原子など)のエネルギーに応じた運動。
② （⓱　　　）…粒子が定まった位置で振動している状態。
③ （⓲　　　）…粒子は集合しているが，互いに入れ替わったり，移動できる状態。
④ （⓳　　　）…粒子が互いに離れて高速で運動している状態。

14 絶対温度　13

① （⓴　　　）…**熱運動が停止する温度**で，（㉑　　　）℃。
② 絶対零度を基準とする温度を（㉒　　　）といい，この温度 T〔K〕は，セ氏温度を t〔℃〕とすると，$\boldsymbol{T}$**〔K〕＝** $\boldsymbol{t}$**〔℃〕＋**（㉓　　　）

テストによく出る問題を解こう！

答 ➡ 別冊 *p.4*

16 ［物質の三態と温度］

次の文の（　　）に適する語句を下のア～ケから選べ。

①（　　　　）である氷をしばらく加熱すると，氷の②（　　　　）である0℃で③（　　　　）して④（　　　　）である水に変化する。水をさらに加熱すると，水の⑤（　　　　）である100℃で⑥（　　　　）して⑦（　　　　）である水蒸気に変化する。ただし，圧力は1気圧(1.013×10^5 Pa)とする。

ア 液体　**イ** 固体　**ウ** 気体　**エ** 沸点　**オ** 凝固点
カ 融点　**キ** 融解　**ク** 沸騰　**ケ** 凝固

17 ［物質の三態と温度・エネルギー］ 必修

次の図は，ある固体(結晶)の純物質を徐々に加熱したときの加えた熱量と温度の関係を表したグラフである。この図に関する下の問いに答えよ。

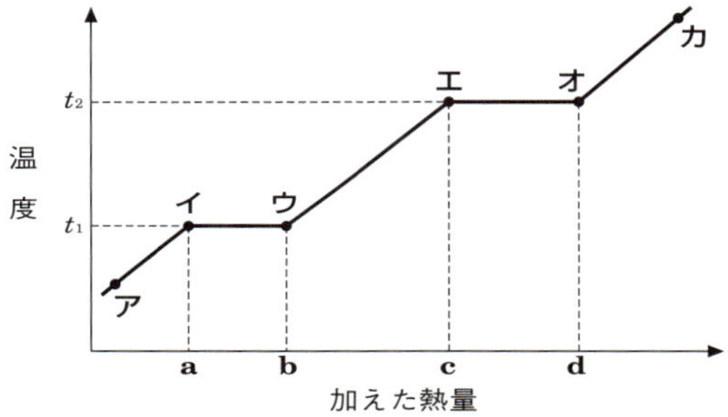

⑴　t_1，t_2は，それぞれ何というか。

t_1（　　　　）
t_2（　　　　）

⑵　固体のみ，液体のみ，気体のみの状態がそれぞれ図中のどの範囲にあたるか。「**ア**－**イ**」のように，**ア**～**カ**でそれぞれ答えよ。

固体（　　　　）
液体（　　　　）
気体（　　　　）

⑶　固体と液体，液体と気体が共存している状態を，⑵と同様に示せ。

固体と液体（　　　　）
液体と気体（　　　　）

⑷　融解熱，蒸発熱を，**a**～**d**で示せ。

融解熱（　　　　）
蒸発熱（　　　　）

ヒント 融解熱，蒸発熱を加えている状態では，温度は一定。

18 ［物理変化・化学変化］

次の(1), (2)にあてはまるものを，下の変化ア〜オから選べ。

(1) 物理変化 (　　　　)

(2) 化学変化 (　　　　)

ア 水に砂糖を溶かして砂糖水をつくった。

イ 水を電気分解して酸素と水素を得た。

ウ 氷の表面から水蒸気が発生している。

エ 液体空気から，酸素や窒素が出ている。

オ 水素が空気中で淡青色の炎を出して燃えている。

ヒント 物理変化は状態の変化であり物質は変わらない。化学変化は異なる物質に変化する。

19 ［物質の三態と熱運動］ テスト

次の記述(1)〜(5)は，固体・液体・気体のどれにあてはまるか。

(1) 粒子がもつ熱運動のエネルギーが最も大きい。 (　　　　)

(2) 粒子が互いに定まった位置で運動している。 (　　　　)

(3) 粒子が互いに離れて運動している。 (　　　　)

(4) 粒子が互いに接しているが，移動できる。 (　　　　)

(5) 粒子が規則正しく配列している。 (　　　　)

ヒント 温度が高くなるにつれ，熱運動が激しくなり，固体・液体・気体へと変化する。

20 ［絶対零度］

次のア〜エの記述のうち，誤りを含むものを1つ選べ。 (　　　　)

ア 絶対零度では，粒子の熱運動が停止している。

イ つねに気体の状態でいる気体があるとすれば(理想気体という)，この気体は絶対零度で体積が0である。

ウ 絶対零度より低い温度がある。

エ −273℃は絶対零度である。

21 ［セ氏温度と絶対温度］ テスト

次の(1)〜(6)の(　　　)に数値を入れよ。

(1) 0℃は，絶対温度(　　　　　)Kである。

(2) −30℃は，絶対温度(　　　　　)Kである。

(3) 200℃は，絶対温度(　　　　　)Kである。

(4) 絶対温度20Kは(　　　　　)℃である。

(5) 絶対温度100Kは(　　　　　)℃である。

(6) 絶対温度500Kは(　　　　　)℃である。

ヒント T〔K〕＝t〔℃〕＋273，t〔℃〕＝T〔K〕−273

3章 原子の構造と電子配置

14 □ 原子の構造

原子核は小さくて重く、電子は軽い。

① 原子の構造…中心に**原子核**，まわりに**電子**。
　➡ 原子核は**陽子**と**中性子**，陽子は正（＋），電子は負（－）に帯電

原子核 ｛ 陽子 …正に帯電
　　　　中性子…帯電していない
電子 …負に帯電

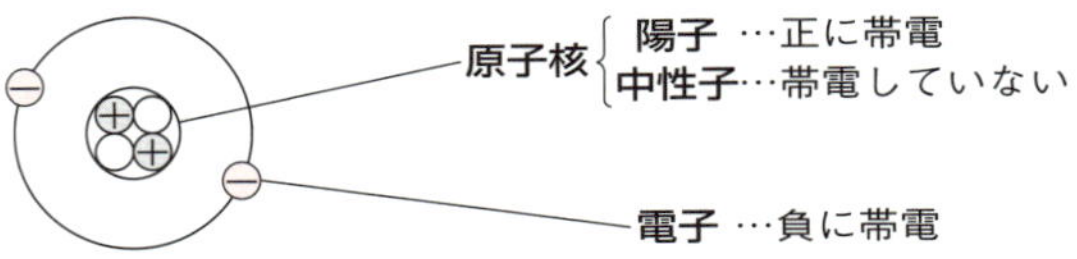

② **原子番号 ＝ 陽子の数 ＝ 電子の数**
③ **質量数 ＝ 陽子の数 ＋ 中性子の数**
　陽子の質量 ≒ 中性子の質量 ≒ 電子の質量×1840

質量数 → $^{b}_{a}M$ ← 元素記号
原子番号 →

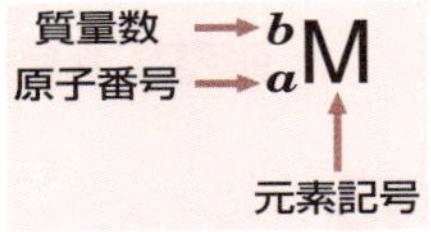

15 □ 同位体

① **同位体**…｛原子番号／陽子の数／元素｝が同じで，｛質量数／中性子の数／質量｝が互いに異なる原子。

同位体は，互いの化学的性質はほとんど等しい。

② **放射性同位体**…原子核が不安定。放射線を出して別の元素の原子に変化する。放射線は，α線（He 原子核），β線（電子），γ線（電磁波）など。

16 □ 電子配置

① **電子殻**…電子が存在する層。
　内側から順に K 殻，L 殻，M 殻…
② **電子配置**…電子は，原則として内側の電子殻から順に配置される。
③ **価電子**…最外殻に配置される電子（最外殻電子）で，原子間の結合などに関与する。

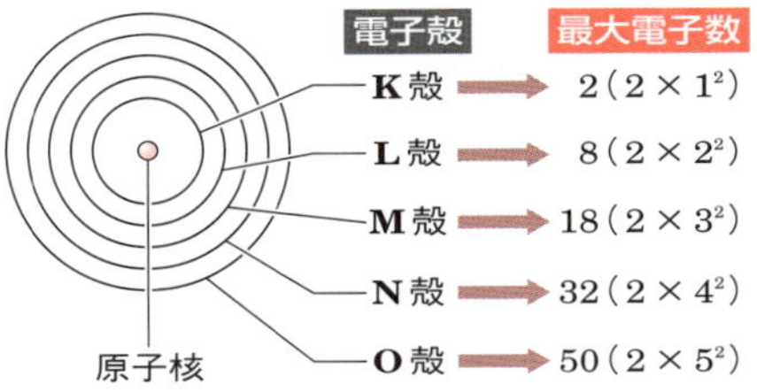

電子殻	最大電子数
K 殻	$2(2\times1^2)$
L 殻	$8(2\times2^2)$
M 殻	$18(2\times3^2)$
N 殻	$32(2\times4^2)$
O 殻	$50(2\times5^2)$

17 □ 希ガス

希ガスの最外殻電子はHeが2個，ほかは8個。

① **希ガス（貴ガス）**…18 族元素（族については *p.20*）。ほとんど結合しない安定な気体。
② **電子配置**…安定な電子配置をもつ（He，Ne は最外殻に最大電子数が収容された**閉殻構造**）。
③ **価電子**…希ガスでは最外殻電子が原子間の結合などに関与しないので，価電子を 0 とする。
④ **希ガスの分子**…1 つの原子からなる**単原子分子**（分子については *p.30*）。

基礎の基礎を固める！

（　　）に適語を入れよ。　答➡別冊 *p.5*

15 原子の構造　14

① **原子の構造**…中心；（❶　　　　）{正の電荷をもつ（❷　　　　）、電荷をもたない（❸　　　　）}、まわり；負の電荷をもつ（❹　　　　）

② **原子番号＝（❺　　　　）の数＝電子の数**

③ **質量数＝陽子の数＋（❻　　　　）の数**

④ 陽子の質量≒（❼　　　　）の質量≒（❽　　　　）の質量×1840

⑤ $^{b}_{a}$M（元素記号）…{a＝（❾　　　　）、b＝（❿　　　　）}

16 同位体　15

① **同位体**…{（⓫　　　　）が等しく，質量数が異なる原子。（⓬　　　　）の数が等しく，（⓭　　　　）の数が異なる原子。同じ（⓮　　　　）で質量が異なる原子。}

② **同位体どうしの性質**…互いの（⓯　　　　）性質は，ほとんど等しい。

③ **放射性同位体**…（⓰　　　　）が不安定で，（⓱　　　　）を出して別の元素の原子に変化する同位体。放射線の種類には（⓲　　　　）線，（⓳　　　　）線，（⓴　　　　）線などがある。

17 電子配置　16

① **電子殻**…原子核のまわりの（㉑　　　　）が存在する層。

② **電子殻の名称**…内側から順に，（㉒　　　　）殻，（㉓　　　　）殻，M殻，…

③ **電子殻の最大電子数**…K殻；2，L殻；（㉔　　　　），M殻；（㉕　　　　）

④ **価電子**…（㉖　　　　）殻に配置されている電子。原子間の（㉗　　　　）などに関与。

18 希ガス　17

① **希ガス（貴ガス）**…元素の周期表の（㉘　　　　）族元素。安定な（㉙　　　　）をもつ。

② **希ガスの性質**…ほとんど（㉚　　　　）しない，安定な気体。

③ **希ガスの価電子数**…ほとんど（㉛　　　　）しないことから，希ガスの価電子の数は（㉜　　　　）。希ガスの最外殻電子の数は，ヘリウムHeが（㉝　　　　）であり，ほかは（㉞　　　　）である。

④ **希ガスの分子**…（㉟　　　　）個の原子が分子である（㊱　　　　）分子。

テストによく出る問題を解こう！

答 ➡ 別冊 *p.5*

22 ［原子の構造①］

質量数 19 のフッ素原子について，次の(1)～(3)の数を示せ。ただし，フッ素の原子番号は 9 である。

(1) 陽子の数 (　　　　　)　(2) 電子の数 (　　　　　)

(3) 中性子の数 (　　　　　)

ヒント 原子番号＝陽子の数＝電子の数，質量数＝陽子の数＋中性子の数

23 ［原子の構造②］ テスト

次の(1)～(3)の原子の陽子の数・電子の数・中性子の数を順に記せ。

(1) $^{13}_{6}C$ (　　　　　)　(2) $^{23}_{11}Na$ (　　　　　)

(3) $^{55}_{25}Mn$ (　　　　　)

24 ［原子の構造③］

次の表の空欄①～⑬をうめよ。

元素記号	原子の記号	原子番号	陽子の数	電子の数	中性子の数	質量数
Be	$^{9}_{4}Be$	①	②	③	④	⑤
Cl	⑥	⑦	17	⑧	20	⑨
Fe	⑩	⑪	⑫	26	⑬	56

25 ［原子の構造④］

次の(1)～(5)の文のうち，正しいものには○，誤っているものには×をつけよ。

(1) 原子核は正の電荷をもっていて，原子の質量の大部分を占める。 (　　)

(2) 同じ元素でも，陽子の数が異なる原子がある。 (　　)

(3) 原子核中の陽子の数と中性子の数は，つねに等しい。 (　　)

(4) 中性子をもたない原子もある。 (　　)

(5) 質量数の大きい原子は，重い原子である。 (　　)

ヒント 原子核は陽子と中性子からなる。元素の種類は原子番号によって決まる。
陽子の質量≒中性子の質量≒電子の質量×1840

26 ［同位体①］ テスト

次のア～エのうち，2 つの原子が互いに同位体の関係にあるものはどれか。ただし，M は元素記号を表すものとする。 (　　)

ア $^{12}_{6}M$，$^{14}_{7}M$　イ $^{18}_{8}M$，$^{19}_{9}M$　ウ $^{40}_{18}M$，$^{40}_{19}M$　エ $^{54}_{26}M$，$^{58}_{26}M$

27 ［同位体②］ 必修

同位体について正しく述べているものを，次のア～カから２つ選べ。

（　　　　　　）

ア　陽子の数・電子の数・中性子の数が同じであるが，元素の種類が異なる。

イ　同じ元素であるが，化学的性質が異なる。

ウ　同じ元素であるが，質量が異なる。

エ　質量数は等しいが，化学的性質が異なる。

オ　化学的性質は等しいが，中性子の数が異なる。

カ　陽子の数や中性子の数は等しいが，化学的性質や質量が異なる。

28 ［電子配置］ 必修

次の表は原子の電子配置を示している。空欄①～⑯をうめよ。ただし，電子がない殻については0と記せ。

原子＼電子殻	K	L	M	N
$_{6}C$	①	②	③	④
$_{10}Ne$	⑤	⑥	⑦	⑧
$_{13}Al$	⑨	⑩	⑪	⑫
$_{19}K$	⑬	⑭	⑮	⑯

ヒント　最大電子数は，K殻が2，L殻が8，M殻が18である。原子番号が1～18の元素では，内側のK殻から順に電子が配置されるが，M殻では最外殻電子が8個（Ar；希ガス）でいったん安定する。

29 ［価電子］

次の(1)～(3)の文の（　　）に適当な数を入れよ。

(1)　価電子の数は，原子番号が3の原子では①（　　　　　　），原子番号が17の原子では②（　　　　　　）である。

(2)　L殻に価電子が4個ある原子の原子番号は①（　　　　　　），M殻に価電子が2個ある原子の原子番号は②（　　　　　　）である。

(3)　原子番号が10の原子の最外殻電子の数は①（　　　　　　）であり，価電子の数は②（　　　　　　）である。

30 ［希ガス］ 必修

希ガスについて述べた次のア～エの文のうち，誤っているものはどれか。（　　　　　　）

ア　安定な電子配置であるから，ほとんど化学反応を起こさない。

イ　単原子分子であり，また，価電子の数は0である。

ウ　最外殻電子の数は，すべて8である。

エ　各電子殻に最大電子数まで配置されていない原子もある。

4章 元素の周期表

18 □ 元素の周期表

① **元素の周期律**…元素を原子番号の順に並べると，性質のよく似た元素が周期的に現れる規則性。➡**価電子の数の周期性による。**

② **族**…周期表の縦の列。➡ 1 ～ 18 族

③ **周期**…周期表の横の行。➡第 1 ～第 7 周期

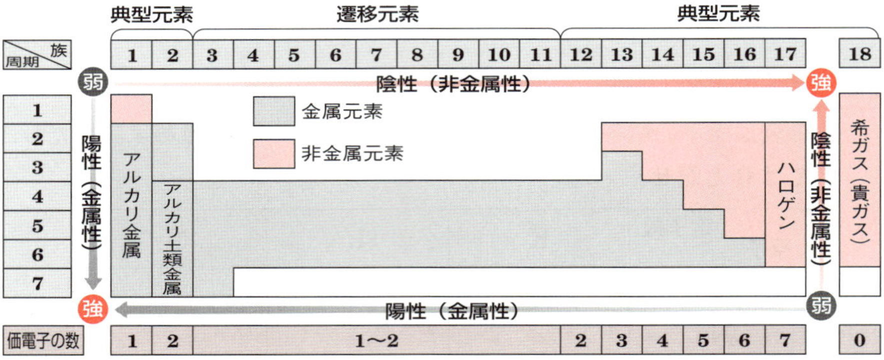

19 □ 典型元素と遷移元素

① **典型元素**…**1，2，12 ～ 18 族の元素。**➡同じ周期の元素では，原子番号が増加するにつれて，価電子の数が増加する。

➡**価電子の数＝族番号の 1 の位の数。**18 族は例外で 0。

② **典型元素の同族元素**…価電子の数が等しく，性質が類似している。

➡ 1 族；価電子の数が 1 個，**アルカリ金属**（H を除く），

17 族；価電子の数が 7 個，**ハロゲン**，18 族；価電子の数が 0，**希ガス**。

遷移元素では左右に並んだ元素の性質が似ている。

③ **遷移元素**…3 ～ 11 族。原子番号が増加すると，内側の電子の数が増加し，**価電子の数はほぼ一定。**➡価電子の数は 1 ～ 2 個。

20 □ 金属元素と非金属元素

① **金属元素**…単体が金属の性質（金属の性質は *p.40*）を示す元素。**陽性が強く，原子は陽イオンになりやすい。**

周期表の約 80% が金属元素。

② **非金属元素**…単体が金属の性質を示さない元素。**18 族を除いて，陰性が強く，原子は陰イオンになりやすい。**

③ **周期表の位置と性質…18 族を除いて，周期表の右側・上側ほど陰性が強く，左側・下側ほど陽性が強い。**➡典型元素の右上の半分が非金属元素であり，他は金属元素。**遷移元素はすべて金属元素。**

基礎の基礎を固める！

（　　）に適語を入れよ。　答 ➡ 別冊 *p.7*

19 元素の周期表　18

① **元素の**（❶　　　）…元素を（❷　　　）の順に並べると，性質のよく似た元素が周期的に現れる規則性。これは原子の（❸　　　）の数の周期性による。

② **族**…周期表の（❹　　　）。1 族から（❺　　　）族までである。

③ **周期**…周期表の（❻　　　）。第 1 周期から第（❼　　　）周期までである。

20 典型元素と遷移元素　19

① **典型元素の族**…1 族，（❽　　　）族と 12 族～（❾　　　）族。

② **典型元素と価電子の数**…同じ周期の元素では，（❿　　　）が増加するにつれて，価電子の数（最外殻電子の数）は（⓫　　　）する。

典型元素の価電子の数＝族番号の（⓬　　　）の数。

例外；18 族の価電子の数は 0

③ **典型元素の同族元素**…互いに価電子の数が等しく，（⓭　　　）が類似している。

1 族元素は，価電子の数は（⓮　　　）個で（⓯　　　）という（H を除く）。

17 族元素は，価電子の数は（⓰　　　）個で（⓱　　　）という。

④ **遷移元素の族**…（⓲　　　）族から（⓳　　　）族。

⑤ **遷移元素と価電子の数**…同じ周期の元素で，原子番号が増加すると，最外殻より（⓴　　　）の電子殻の電子が増加するため，価電子は（㉑　　　）しない。

遷移元素と価電子の数＝（㉒　　　）または（㉓　　　）個。

21 金属元素と非金属元素　20

① **金属元素**…（㉔　　　）が金属の性質を示す元素で，一般に，（㉕　　　）**性が強く**，（㉖　　　）**イオンになりやすい**。

② **非金属元素**…（㉗　　　）が金属の性質を示さない元素で，**18 族を除いて，一般に**（㉘　　　）**性が強く**，（㉙　　　）**イオンになりやすい**。

③ **周期表の位置と陽性・陰性**…陽性は周期表の（㉚　　　）側・（㉛　　　）側の元素ほど強く，陰性は 18 族を除いて，（㉜　　　）側・（㉝　　　）側の元素ほど強い。

④ **周期表の位置と金属元素・非金属元素**…周期表において典型元素の右上の半分の元素が（㉞　　　）元素であり，その他の元素は（㉟　　　）元素である。**遷移元素はすべて**（㊱　　　）**元素である**。

テストによく出る問題を解こう！

答 ➡ 別冊 *p.7*

31 ［元素の周期表］ テスト

次の(1)〜(5)の記述について，正しいものには○，誤っているものには×をつけよ。

(1) 元素の周期表では，元素は原子番号の順に並んでいる。 (　　　)

(2) 元素を原子番号の順に並べると，元素の性質が少しずつ変化する。これを元素の周期律という。 (　　　)

(3) 元素の周期律は，原子番号が増加するにつれて，価電子の数が周期的に変化することによる。 (　　　)

(4) 各周期の元素数は，第1周期，第2周期，第3周期の順に，それぞれ2，8，18となっている。 (　　　)

(5) 価電子の数は，1族，2族，3族の順に，それぞれ1，2，3となっている。 (　　　)

ヒント 元素の性質は，価電子の数と密接な関係がある。

32 ［典型元素と遷移元素］ テスト

次の(1)，(2)に関するそれぞれの記述ア〜ウについて，誤っているものを1つ選べ。

(1) 典型元素について (　　　)

ア 同じ周期では，1族から17族まで原子番号が増加するにつれて，価電子の数が増加する。

イ 各族の価電子の数は，族の番号に一致する。

ウ 金属元素も非金属元素も存在する。

(2) 遷移元素について (　　　)

ア 原子番号が増加しても価電子の数は増加しない。

イ 価電子の数は，1個または2個である。

ウ 金属元素も非金属元素も存在する。

33 ［価電子と原子番号］

次の(1)〜(3)に関する数値を記せ。

(1) 価電子の数　最大 (　　　)　最小 (　　　)

(2) 希ガスの原子番号　第2周期 (　　　)　第3周期 (　　　)

(3) 原子番号が最も小さい遷移元素の原子番号 (　　　)

ヒント 希ガスの原子番号は，周期の元素数の和。

34 ［典型元素と遷移元素］

次の(1)～(10)のうち，典型元素だけにあてはまるものには A，遷移元素だけにあてはまるものには B，典型元素と遷移元素の両方にあてはまるものには C を記せ。

(1) 1 族・18 族元素 （　　　）　(2) 7 族元素 （　　　）
(3) 第 1 ～第 3 周期の元素 （　　　）　(4) 第 6 周期の元素 （　　　）
(5) 価電子が 2 個の元素 （　　　）　(6) 価電子が 4 個の元素 （　　　）
(7) 周期表上で左右に並ぶ元素の性質が似ている。 （　　　）
(8) 同じ周期では，原子番号が増加すると，価電子の数が増加する。 （　　　）
(9) すべて金属元素 （　　　）　(10) 非金属元素 （　　　）

ヒント 遷移元素は 3 ～ 11 族で，この両側に典型元素がある。

35 ［周期表と元素の分類］ テスト

右図は，元素の周期表の領域（ア～キ）と元素の位置（a ～ f）を示したものである。この周期表について，次の(1)，(2)の問いに答えよ。

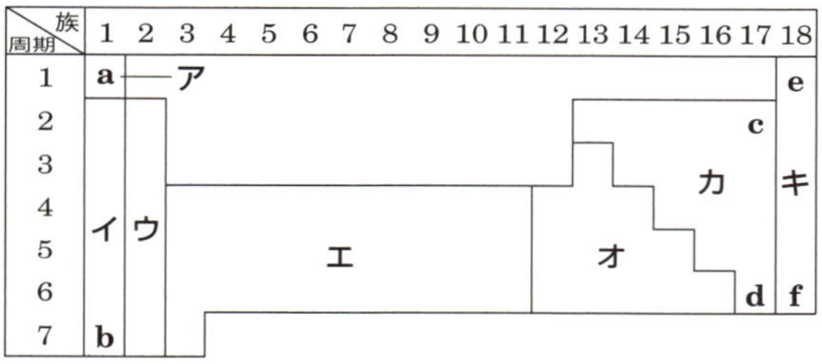

(1) 次の①～④が表す領域を，ア～キからすべて選べ。
① 典型元素 （　　　）　② 遷移元素 （　　　）
③ 典型元素の金属元素 （　　　）　④ 非金属元素 （　　　）

(2) 次の①，②にあてはまる元素を，a ～ f から選べ。
① 最も陽性の強い元素 （　　　）　② 最も陰性の強い元素 （　　　）

36 ［元素の周期表と原子番号・価電子数など］

次の表は，元素の周期表の一部で，元素記号のかわりに a ～ p で示している。下の(1)，(2)の問いに答えよ。

周期＼族	1	2	13	14	15	16	17	18
2	a	b	c	d	e	f	g	h
3	i	j	k	l	m	n	o	p

(1) 次の①～⑤の元素を a ～ p で示せ。
① 原子番号 8 （　　　）　② 原子番号 17 の元素 （　　　）
③ L 殻に価電子 1 個 （　　　）　④ M 殻に価電子 5 個 （　　　）
⑤ この表中で，陽性が最も強い （　　　）

(2) この表の元素は，次のア～エのどれにあてはまるか。 （　　　）

ア 金属元素　**イ** 非金属元素　**ウ** 典型元素　**エ** 遷移元素

5章 イオン結合とイオン結晶

21 □ イオンの形成

① 陽イオン…原子が電子を放出してできた粒子。➡ $Na \rightarrow Na^{+} + e^{-}$
　 陰イオン…原子が電子を受け取ってできた粒子。➡ $Cl + e^{-} \rightarrow Cl^{-}$

② **イオンの価数…原子が放出したり，受け取ったりした電子の数。**

例 1価の陽イオン；Na^{+}　2価の陰イオン；S^{2-}

③ **イオンの電子数**
　 陽イオン M^{n+}…原子番号 − 価数 n
　 陰イオン M^{n-}…原子番号 ＋ 価数 n

非金属元素には希ガスやCのようにイオンになりにくいものがある。

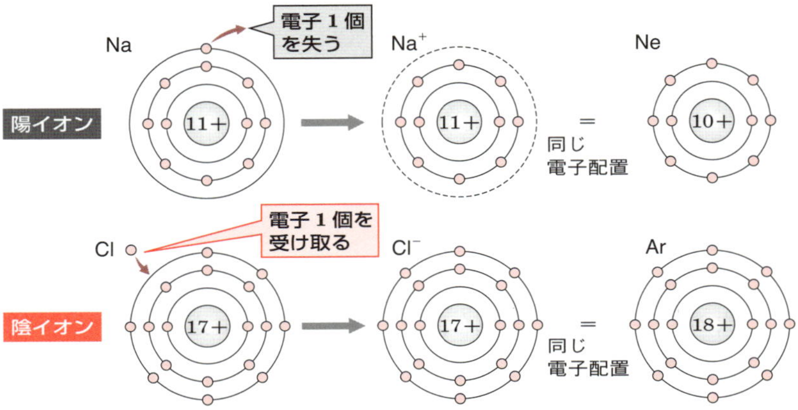

④ **イオンの電子配置**…典型元素の安定なイオンは，**希ガス（貴ガス）と同じ電子配置をもつ。** 例 Li^{+} ➡ He と同じ電子配置
O^{2-}，F^{-}，Na^{+}，Mg^{2+}，Al^{3+} ➡ Ne と同じ電子配置
S^{2-}，Cl^{-}，K^{+}，Ca^{2+} ➡ Ar と同じ電子配置

⑤ **多原子イオン**…2個以上の原子が結合してできたイオン。

22 □ イオン化エネルギーと電子親和力

① イオン化エネルギー…原子から電子1個を取り去り，1価の陽イオンとするのに必要なエネルギー。**小さいほど陽イオンになりやすい。**

② **イオン化エネルギーと周期表**…イオン化エネルギーは，**周期表の左側・下側の元素ほど小さく，右側・上側の元素ほど大きい。**

③ 電子親和力…原子が電子1個を受け取り，1価の陰イオンとなるとき放出されるエネルギー。**大きいほど陰イオンになりやすい。**

④ **電子親和力と周期表**…電子親和力は，**18族を除く，周期表の右側の元素ほど大きい。** ➡ 17族が最も大きい。

厳密には，原子から電子1個を取り去る場合は第1イオン化エネルギー，2個の場合は第2イオン化エネルギーという。

23 □ イオン結合

① **イオン結合**…陽イオンと陰イオンの間に働く**静電気的な引力**（**クーロン力**）による結合。

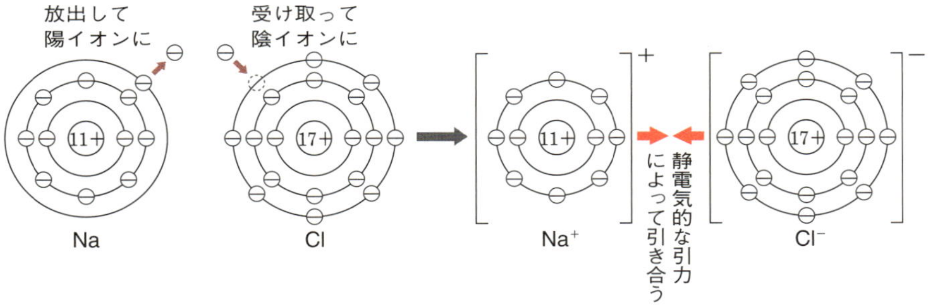

② **イオン結合と元素**…おもに，**金属元素と非金属元素の原子間の結合**。

〔例外〕 NH_4Cl（塩化アンモニウム）は，非金属元素からなるが，アンモニウムイオン $NH_4{}^+$ と塩化物イオン Cl^- とのイオン結合。

HCl は，水に溶けると，H^+ と Cl^- になるが，結晶では HCl 分子からなる分子結晶である。

24 □ イオン結晶と組成式

① **イオン結晶**…陽イオンと陰イオンがイオン結合によってできた結晶。陽イオンと陰イオンが交互に規則正しく配列している。

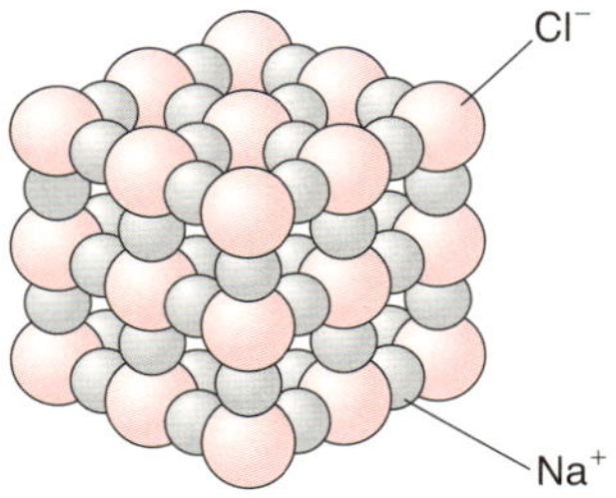

▲ NaCl のイオン結晶

② **イオン結晶の電気伝導性**…結晶状態では電気を通さないが，加熱融解した状態や水溶液では電気を通す。

➡加熱融解したり，水溶液など，イオンが移動できる状態では電気を通す。なお，水に溶けないイオン結晶がある（例；塩化銀 AgCl，炭酸カルシウム $CaCO_3$）。

③ **イオン結晶の融点**…イオン間の電気的な引力は強いので，一般に硬く，融点が比較的高い。

④ **組成式**…物質を構成する原子やイオンの種類と，その数の割合で表した化学式。イオン結晶は，陽イオンと陰イオンが交互に配列し，分子に相当する粒子がないので，組成式で表す。

分子からなる物質は分子式で表す。

⑤ **イオン結晶の組成式**…イオン結晶の組成式は，陽イオンと陰イオンの電荷の合計が 0 になり，次の関係がある。

（陽イオンの価数）×（陽イオンの数）＝（陰イオンの価数）×（陰イオンの数）

例 塩化カルシウム $CaCl_2$ ｛ 陽イオン Ca^{2+}…価数 2，個数 1
陰イオン Cl^-…価数 1，個数 2

基礎の基礎を固める！

（　）に適語を入れよ。　答 ⇒ 別冊 *p.8*

22 イオンの形成　🔑21

① (❶　　　　)…原子が電子を放出してできた粒子。

② (❷　　　　)…原子が電子を受け取ってできた粒子。

③ **イオンの**(❸　　　　)…原子が放出したり，受け取ったりした電子の数。

④ **イオンの電子数** { **陽イオン…原子番号**(❹　　　　)**価数**／**陰イオン…原子番号**(❺　　　　)**価数** }

⑤ 典型元素の安定なイオンは，(❻　　　　)と同じ電子配置をもつ。たとえば O^{2-}，F^-，Na^+，Mg^{2+}，Al^{3+} は(❼　　　　)と同じ電子配置である。

23 イオン化エネルギーと電子親和力　🔑22

① 原子から(❽　　　　)1個を取り去り，1価の(❾　　　　)とするのに要するエネルギーが**イオン化エネルギー**であり，**イオン化エネルギーが**(❿　　　　)いほど，**陽イオンになりやすい**。イオン化エネルギーは，周期表の(⓫　　　　)側・(⓬　　　　)側の元素ほど小さい。

② 原子から(⓭　　　　)1個を受け取り，1価の(⓮　　　　)となるとき放出されるエネルギーが**電子親和力**であり，**電子親和力が**(⓯　　　　)**いほど陰イオンになりやすい**。電子親和力は，18族を除く(⓰　　　　)側の元素ほど大きい。

24 イオン結合　🔑23

① 陽イオンと陰イオンの間の(⓱　　　　)による結合が**イオン結合**である。

② イオン結合は，おもに(⓲　　　　)**元素と**(⓳　　　　)**元素の原子間の結合**である。

25 イオン結晶　🔑24

イオン結晶は，(⓴　　　　)と(㉑　　　　)が交互に並び(㉒　　　　)結合によってできた結晶である。イオン結晶は，(㉓　　　　)**状態では電気を通さないが，加熱して**(㉔　　　　)**した状態では電気を通す**。

26 組成式　🔑24

組成式とは，物質を構成する(㉕　　　　)や(㉖　　　　)の種類と，その(㉗　　　　)の割合で表した化学式である。イオン結晶の組成式では次の関係がある。

陽イオンの(㉘　　　　)×**陽イオンの**(㉙　　　　)

＝**陰イオンの**(㉚　　　　)×**陰イオンの**(㉛　　　　)

テストによく出る問題を解こう！

答 ➡ 別冊 *p.8*

37 ［イオン中の電子の数］

次の(1)～(5)のイオン1個がもつ電子の数を示せ。

(1) $_{1}H^{+}$ (　　　　)　(2) $_{8}O^{2-}$ (　　　　)
(3) $_{12}Mg^{2+}$ (　　　　)　(4) $_{17}Cl^{-}$ (　　　　)
(5) $_{26}Fe^{3+}$ (　　　　)

ヒント イオン中の電子の数 ＝ 原子番号 ± 価数

38 ［イオンの形成と電子数］

次の原子ア～カについて，下の問いに答えよ。

ア $_{3}Li$　イ $_{8}O$　ウ $_{9}F$　エ $_{10}Ne$　オ $_{12}Mg$　カ $_{13}Al$

(1) 1価の陽イオンになりやすい原子はどれか。(　　　)
(2) そのイオンの電子の数はどれだけか。(　　　)
(3) 2価の陰イオンになりやすい原子はどれか。(　　　)
(4) そのイオンの電子の数はどれだけか。(　　　)
(5) 3価の陽イオンになりやすい原子はどれか。(　　　)
(6) そのイオンの電子の数はどれだけか。(　　　)

39 ［イオンの電子・陽子・中性子の数］ テスト

質量数56の鉄原子Feが鉄(Ⅲ)イオンFe^{3+}となるとき，そのイオンがもつ電子の数は23個になる。この鉄原子Feにおける，次の(1)～(3)の数はどれだけか。

(1) 陽子の数 (　　　)
(2) 電子の数 (　　　)
(3) 中性子の数 (　　　)

ヒント 陽イオンの電子数 ＝ 原子番号 － 価数　質量数 ＝ 陽子の数 ＋ 中性子の数

40 ［イオンの電子配置①］ テスト

次の(1)～(5)のイオンと同じ電子配置の原子の元素記号を示せ。

(1) $_{3}Li^{+}$ (　　　　)　(2) $_{9}F^{-}$ (　　　　)
(3) $_{13}Al^{3+}$ (　　　　)　(4) $_{16}S^{2-}$ (　　　　)
(5) $_{20}Ca^{2+}$ (　　　　)

ヒント これらのイオンは，希ガスと同じ電子配置となっている。

41 ［イオンの電子数と電子配置］

価電子が M 殻に 3 個ある原子について，次の(1)〜(3)に答えよ。

(1)　この原子の原子番号はいくらか。（　　　　）

(2)　この原子が安定なイオンになったとき，そのイオンがもつ電子の数はいくらか。

（　　　　）

(3)　(2)のイオンと同じ電子配置の原子の元素は何か。（　　　　　　）

ヒント　電子数は，K 殻に 2 個，L 殻に 8 個。典型元素の安定なイオンは，希ガスと同じ電子配置。

42 ［イオンの電子配置②］ テスト

次の原子およびイオンの組み合わせア〜カにおいて，電子配置がすべて同じものはどの組み合わせか。2 つ選べ。（　　　　　　）

ア　Cl^-，Li^+，Ne　　イ　O^{2-}，F^-，He

ウ　Ca^{2+}，K^+，Cl^-　　エ　Na^+，Li^+，K^+

オ　Li^+，F^-，Al^{3+}　　カ　O^{2-}，Na^+，Al^{3+}

43 ［イオン結合］ 必修

次の化合物ア〜キのうち，イオン結合からなるものを 3 つ選べ。（　　　　　　）

ア　HCl　　イ　NaCl　　ウ　CCl_4　　エ　CO_2　　オ　CaO

カ　NH_4Cl　　キ　NH_3

ヒント　まず，金属元素と非金属元素の化合物を選ぶ。

44 ［イオン化エネルギー・電子親和力］

次の原子について，(1)，(2)にあてはまるものを選べ。

Li　Be　B　C　N　O　F　Na

(1)　イオン化エネルギーの最も小さい原子。（　　　　）

(2)　電子親和力の最も大きい原子。（　　　　）

ヒント　イオン化エネルギー・電子親和力の大小と周期表の位置の関係に着目。

45 ［イオン化エネルギー］

次の表の a 〜 h は仮の元素記号であり，元素は同じ周期である。数値は，一定量の原子のイオン化エネルギー(kJ)を示す。(1)〜(3)にあてはまる元素を a 〜 h で答えよ。

元素	a	b	c	d	e	f	g	h
イオン化エネルギー	1004	580	496	1016	1525	739	1260	790

(1)　最も陽イオンになりやすい元素（　　　　）

(2)　最も陰イオンになりやすい元素（　　　　）

(3)　希ガス（　　　　）

46 ［イオン結晶］

次の「イオン結晶」についての記述ア～オのうち，誤りを含むものを選べ。　(　　　)

ア　融点が比較的高い。

イ　水に溶かすと，その水溶液は電気を通す。

ウ　結晶は，電気を通す。

エ　加熱して融解すると，電気を通す。

オ　水に溶けないものもある。

ヒント　イオンが移動できると，電気を通す。

47 ［組成式］ テスト

次の(1)～(8)のイオンからなる物質の組成式を書け。

(1)　K^+ と Cl^-　(　　　)　　(2)　Ca^{2+} と Br^-　(　　　)

(3)　Mg^{2+} と O^{2-}　(　　　)　　(4)　Na^+ と SO_4^{2-}　(　　　)

(5)　Ba^{2+} と CO_3^{2-}　(　　　)　　(6)　Al^{3+} と SO_4^{2-}　(　　　)

(7)　Fe^{3+} と OH^-　(　　　)　　(8)　Ca^{2+} と PO_4^{3-}　(　　　)

ヒント　陽イオンと陰イオンの電荷の合計が0になるようにする。

48 ［電子配置・イオン化エネルギー・電子親和力］

次の表は，元素の周期表の一部である。この表を用いて下の(1)～(3)のそれぞれの問いにあてはまる原子を元素記号で記せ。

周期＼族	1	2	13	14	15	16	17	18
1	H							He
2	Li	Be	B	C	N	O	F	Ne
3	Na	Mg	Al	Si	P	S	Cl	Ar
4	K	Ca						

(1)　次の①～⑤にあてはまる原子。

①　1価の陽イオンになり，電子配置がHeと同じ。　(　　　)

②　1価の陰イオンになり，電子配置がNeと同じ。　(　　　)

③　3価の陽イオンになり，電子配置がNeと同じ。　(　　　)

④　2価の陽イオンになり，電子配置がArと同じ。　(　　　)

⑤　2価の陰イオンになり，電子配置がArと同じ。　(　　　)

(2)　この表中の元素のうち，イオン化エネルギーが{①　最も大きい。　(　　　)　②　最も小さい。　(　　　)}

(3)　第3周期の元素のうち，電子親和力が最も大きい。　(　　　)

ヒント　(1)　陽イオンは，原子から価数だけ電子を放出し，陰イオンは，価数だけ電子を受け取る。
(2)(3)電子親和力の大きさを考えるとき，18族元素を除くが，イオン化エネルギーの大きさを考えるときは除かない。

6章 共有結合とその結晶

⚷ 25 □ 分子

① **分子**…いくつかの原子が結合してできた粒子。
② **分子式**…分子を構成している原子の元素記号と原子の数を表した式。
　例　水素；H_2　　水；H_2O　　二酸化炭素；CO_2

⚷ 26 □ 共有結合と分子の形成

> イオン結合も共有結合も、希ガスの電子配置となっている。

① **共有結合**…原子が互いにいくつかの価電子を共有する結合。価電子が互いに共有し合って**安定な希ガスの電子配置となる**。
② **共有結合と元素**…非金属元素の原子間の結合。
③ **分子の形成**…いくつかの原子が共有結合によって結合し、分子を形成。

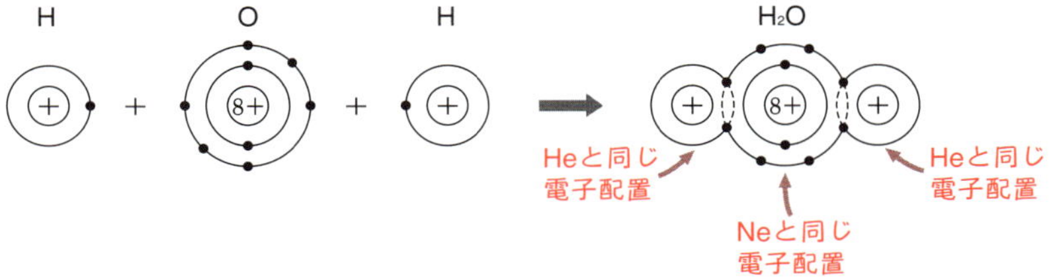

H + O + H → H_2O
　　　　　　　　　Heと同じ電子配置
　　　　　　　　　Neと同じ電子配置
　　　　　　　　　Heと同じ電子配置

⚷ 27 □ 共有結合と電子式

> 分子の電子式では、電子の記号「・」は、Hは2個、他の原子は8個となる。

① **電子式**…価電子を記号「・」で示し、元素記号のまわりにかいた式。
② ┌ **共有電子対**…共有結合をつくっている電子対。
　　├ **非共有電子対**…共有結合に使われていない電子対。
　　└ **不対電子**…結合する前の対になっていない電子。

　　不対電子　　　非共有電子対　　　　　　　　共有電子対
　　H・ ＋ ・Ö・ ＋ ・H ⟶ H:Ö:H
　　水素原子　酸素原子　水素原子　　　　水分子

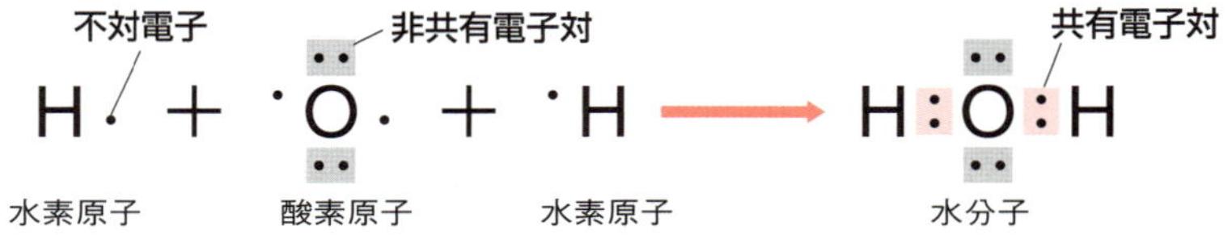

⚷ 28 □ 配位結合

① **配位結合**…一方の原子の非共有電子対を、他の原子と共有することによってできた共有結合。

　　　　　　H　非共有電子対
　　　　　　‥　　　　　　　　　　　　　　　　　H　　　⁺
　　　　H:N:　＋ H⁺　→配位結合→　　[H:N:H]
　　　　　　‥　　　　　　　　　　　　　　　　　H
　　　　　　H
　　　　アンモニア　水素イオン　　　　アンモニウムイオン

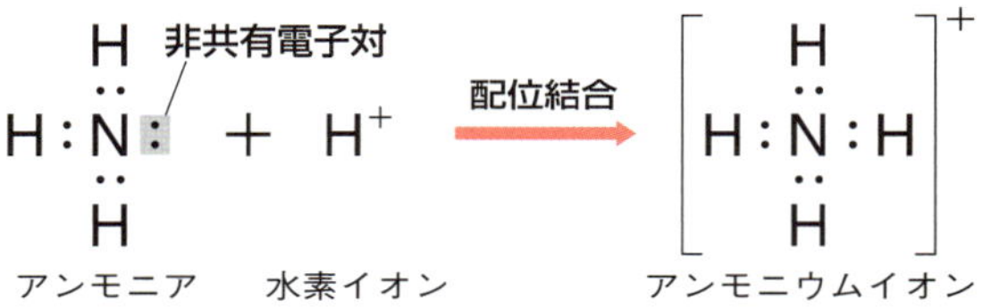

② **錯イオン**…金属イオンに非共有電子対をもった分子やイオンが配位結合してできたイオン。

29 □ 構造式と分子構造

分子式・電子式・構造式・組成式などを総称して化学式という。

① **構造式**…分子中の原子間の1組の共有電子対を1本の線で表した化学式。その線を**価標**という。

②
- **単結合**…1組の共有電子対（つい）による共有結合。
- **二重結合**…2組の共有電子対による共有結合。
- **三重結合**…3組の共有電子対による共有結合。

分子式	H_2	H_2O	NH_3	CO_2	N_2
構造式	H−H	H−O−H	H−N−H（N−H）	O=C=O	N≡N
	単結合（1組の共有電子対）			二重結合（2組の共有電子対）	三重結合（3組の共有電子対）

H_2O と H_2S, NH_3 と PH_3, CH_4 と SiH_4 の分子は同じ形。

③ **原子価**…1つの原子がもつ価標の数。➡原子がもつ不対電子の数

④ **分子の形**…直線形；CO_2　折れ線形；H_2O　三角錐形；NH_3
正四面体形；CH_4

30 □ 分子結晶と共有結合の結晶

① **分子結晶**…分子間に働く引力によって，分子が規則正しく配列。

② **分子結晶の性質**…分子間に働く引力は弱いので，**融点が低く**，常温で気体や液体のものが多く，昇華性の結晶もある。**もろくこわれやすい**。

③ **共有結合の結晶**…多数の原子が次々と共有結合してできた結晶。
例 C（ダイヤモンド，黒鉛），Si，SiO_2（石英，水晶など）

ダイヤモンドと黒鉛の性質の違いは，結晶構造の違いによる。

④ **共有結合の結晶の性質**…**融点が非常に高い**。**硬く**，**電気を通さない**。
黒鉛は，例外で，融点が非常に高いが，軟らかく，電気を通す。

⑤ **ダイヤモンドの結晶構造と性質**…炭素原子の4個の価電子が共有結合して正四面体構造が連続。無色透明。非常に硬い。電気を通さない。

⑥ **黒鉛の結晶構造と性質**…炭素原子の4個の価電子のうち3個が共有結合して平面構造，この平面構造が重なった構造。黒色不透明。軟らかい。電気を通す。

31 □ 高分子化合物

① **高分子化合物**…分子量（➡ *p.46*）が1万以上の物質。

② **天然高分子化合物**…デンプン，セルロース，タンパク質

③ **合成高分子化合物**…ポリエチレン，ナイロン，ポリエチレンテレフタラート，合成ゴム

④ **単量体（モノマー）**…高分子化合物の成分となる小さい分子。

⑤ **重合体（ポリマー）**…多数の単量体が共有結合でつながった（**重合**という）構造の高分子化合物。

基礎の基礎を固める！

（　　）に適語を入れよ。 答➡別冊 *p.10*

27 分子と共有結合 25，26

① **分子**…いくつかの（❶　　　　）が結合してできた粒子。

② 共有結合は，原子が互いにいくつかの（❷　　　　）を共有する結合で，共有し合って安定な（❸　　　　）と同じ電子配置となる。

③ 共有結合は，一般に（❹　　　　）**元素の原子間の結合**である。

④ いくつかの原子が共有結合によって結合し，（❺　　　　）が形成される。

28 共有結合と電子式，配位結合 27，28

① （❻　　　　）…価電子を記号・で示し，元素記号のまわりにかいた化学式。

② 共有結合をつくっている電子対を（❼　　　　），共有結合をつくっていない電子対を（❽　　　　），結合前の対になっていない電子を（❾　　　　）という。

③ （❿　　　　）…一方の原子の非共有電子対を，他の原子が共有することによってできた共有結合。

29 構造式と分子構造 29

① （⓫　　　　）…分子中の原子間の１組の共有電子対を１本の線で表した化学式。

② １組の共有電子対による共有結合を（⓬　　　　），２組では（⓭　　　　）という。

③ （⓮　　　　）…１つの原子がもつ価標の数で，（⓯　　　　）電子の数ともいえる。

④ 分子の形にはさまざまあり，CO_2 のような直線形，H_2O のような（⓰　　　　）形，（⓱　　　　）のような三角錐形，CH_4 のような（⓲　　　　）形などがある。

30 分子結晶と共有結合の結晶，高分子化合物 30，31

① 分子が分子間に働く引力によって規則正しく配列してできた結晶を（⓳　　　　）**結晶**といい，融点が（⓴　　　　）く，また（㉑　　　　）くこわれやすい。

② 多数の原子が次々と共有結合してできた結晶を（㉒　　　　）といい，融点が非常に（㉓　　　　）く，硬く，（㉔　　　　）を通さない。（㉕　　　　）は例外。

③ （㉖　　　　）**化合物**…分子量が１万以上の物質。

④ （㉗　　　　）**化合物**…デンプン，セルロース，タンパク質など。

⑤ （㉘　　　　）**化合物**…ポリエチレン，ナイロン，合成ゴムなど。

⑥ （㉙　　　　）…高分子化合物の成分となる小さい分子。

⑦ （㉚　　　　）…多数の単量体が共有結合でつながった構造の高分子化合物。

テストによく出る問題を解こう！

答 ➡ 別冊 *p.10*

49 ［共有結合からなる物質］ テスト

次のア～ケのうち原子間が共有結合からなるものをすべて選べ。 (　　　　　　　　)

ア	NaCl	イ	Au	ウ	H_2
エ	CO_2	オ	CaO	カ	HCl
キ	Fe	ク	MgF_2	ケ	C（黒鉛）

ヒント 非金属元素の原子間の結合が共有結合。黒鉛はC原子間の結合からなる。

50 ［共有結合］

次のア～エの文のうち，誤っているものはどれか。 (　　　　)

ア 共有結合は，非金属元素の原子間の結合である。

イ 共有結合では，価電子を互いに共有し合う。

ウ H_2O や CCl_4 では，各原子は希ガスと同じ電子配置になっている。

エ HCl は水に溶けるとイオンが生じるので，共有結合からなる物質ではない。

51 ［共有結合だけからなる物質］ 必修

次のア～オから，共有結合だけからなる物質の組み合わせを選べ。 (　　　　)

ア	CCl_4，$CaCl_2$	イ	CaO，CO	ウ	I_2，KI
エ	CO_2，NH_3	オ	NH_4Cl，HCl		

ヒント 2つとも非金属元素からなる物質の組み合わせを選ぶ。

52 ［電子式と構造式］

次の(1)，(2)にあてはまるものを，それぞれア～エより1つ選べ。

(1) 次の電子式ア～エのうちで誤っているもの。 (　　　　)

ア 　イ 　ウ 　エ 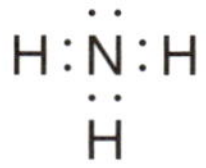

(2) 次の構造式ア～エのうちで誤っているもの。 (　　　　)

ア 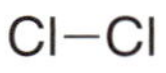　イ 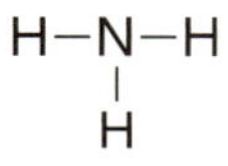　ウ 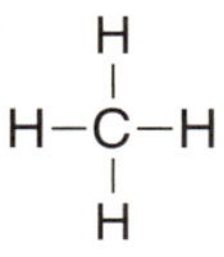　エ 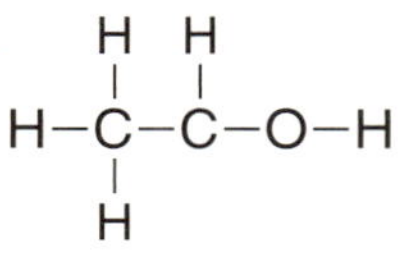

ヒント まわりの電子「・」の数は，Hは2個，他の原子は8個。

53 [分子の形成と電子式]

次の(1)〜(5)において，それぞれの左辺は原子（共有結合前の原子）の電子式，右辺は分子の電子式をかけ。

(1) H ＋ H ⟶ H_2 （　　　　）

(2) N ＋ N ⟶ N_2 （　　　　）

(3) H ＋ Cl ⟶ HCl （　　　　）

(4) H ＋ O ＋ H ⟶ H_2O （　　　　）

(5) O ＋ C ＋ O ⟶ CO_2 （　　　　）

54 [分子式・電子式・構造式] テスト

次の表の空欄に，あてはまる化学式を書け。

物質名	水　素	水	二酸化炭素	アンモニア
分子式	①	④	⑦	⑩
電子式	②	⑤	⑧	⑪
構造式	③	⑥	⑨	⑫

55 [電子式・分子の構造・配位結合] 難

次の(1)〜(5)にあてはまる分子・イオンを，あとのア〜キからそれぞれすべて選べ。

(1) 非共有電子対をもたないもの （　　　　）

(2) 非共有電子対を2対もつもの （　　　　）

(3) 二重結合をもつもの （　　　　）

(4) 三重結合をもつもの （　　　　）

(5) 配位結合を含むもの （　　　　）

ア Cl_2　　イ N_2　　ウ CH_4　　エ H_2S

オ NH_3　　カ C_2H_4　　キ NH_4^+

ヒント 電子式をかいて調べるとよい。

56 [分子の形]

分子の形が次の(1)〜(4)にあてはまるものを，下のア〜クから2つずつ選べ。

(1) 直線形 （　　　　）　(2) 折れ線形 （　　　　）

(3) 三角錐形 （　　　　）　(4) 正四面体形 （　　　　）

ア H_2O　　イ CCl_4　　ウ N_2　　エ PH_3

オ CO_2　　カ CH_4　　キ NH_3　　ク H_2S

57 [分子結晶]

次のア～エの記述のうちで誤っているものを選べ。 (　　　)

ア　ドライアイスも氷も分子結晶である。

イ　分子結晶は，融点の低いものが多く，常温で気体や液体のものが多い。

ウ　分子結晶は，結晶状態でも水溶液にしても電気を通すものはない。

エ　分子結晶は，もろくてこわれやすいものが多い。

58 [ダイヤモンドと黒鉛]

次の(1)～(7)の記述について，ダイヤモンドにあてはまるものは A，黒鉛にあてはまるものは B，どちらにもあてはまるものは C を記せ。

(1)　黒色で不透明である。 (　　　)

(2)　炭素の単体である。 (　　　)

(3)　融点が非常に高い。 (　　　)

(4)　電気をよく通す。 (　　　)

(5)　無色透明である。 (　　　)

(6)　非常に硬い。 (　　　)

(7)　共有結合の結晶である。 (　　　)

59 [分子結晶と共有結合の結晶] テスト

次の(1)，(2)にあてはまるものを，下のア～クの組み合わせから 1 つずつ選べ。

(1)　分子結晶のみ (　　　)　　(2)　共有結合の結晶のみ (　　　)

ア　ドライアイス，石英　　**イ**　ケイ素，ダイヤモンド

ウ　アルミニウム，ヨウ素　　**エ**　黒鉛，ドライアイス

オ　鉄，食塩　　**カ**　食塩，酸化カルシウム

キ　グルコース，ヨウ素　　**ク**　黒鉛，酸化鉛(Ⅱ)

ヒント　分子結晶は非金属元素からなる。共有結合の結晶は C，Si，SiO_2。

60 [高分子化合物]

次の(1)～(5)の記述について，正しいものには○，誤っているものには×を記せ。

(1)　一般に分子量が 1 万以上の化合物を高分子化合物という。 (　　　)

(2)　天然の高分子化合物としては，デンプン，スクロースなどがある。 (　　　)

(3)　プラスチック・合成繊維・合成ゴムなど，合成高分子化合物には石油を原料とするものが多い。 (　　　)

(4)　単量体であるエチレンを重合して重合体であるポリエチレンとする。 (　　　)

(5)　ポリエチレンテレフタラートの単量体は，エチレンテレフタラートである。 (　　　)

7章 分子の極性と分子間力

32 □ 電気陰性度と結合の極性

電気陰性度の最大の値はＦの 4.0。

① **電気陰性度**…共有結合している原子間で，共有電子対(つい)を引き寄せる強さを表した数値。

② **電気陰性度と周期表**…電気陰性度は，元素の周期表の **18 族を除く右側・上側の元素ほど大きい**。➡フッ素Ｆが最も大きい。

③ **結合の極性**…異なる元素の２原子間の共有結合において，電気陰性度の大きいほうに共有電子対が引き寄せられ，結合に生じる電荷の偏(かたよ)り。

33 □ 分子の極性

① **極性分子**…結合の極性により，分子全体として電荷の偏りがある分子。

② **無極性分子**…分子全体として電荷の偏りがない分子。

③ **単体である分子の極性**…単体では，原子間に電気陰性度の差がないため，分子に電荷の偏りがなく，無極性分子である。

④ **二原子分子の化合物の極性**…二原子分子の化合物では，原子間に電気陰性度の差があるため，分子に電荷の偏りがあり，極性分子である。

⑤ **多原子分子の極性**…多原子分子の極性の有無は分子の形による。各結合に極性があっても分子全体で極性が打ち消される形では無極性分子である。

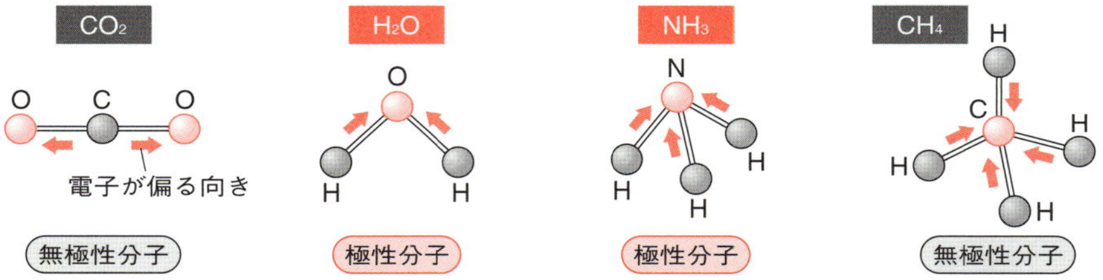

34 □ 分子間力と水素結合 発展

水素結合は分子間力より強いが，イオン結合や共有結合よりはるかに弱い。

① **分子間力**…分子間に働く弱い引力の総称。

② **ファンデルワールス力**…極性の有無によらず**すべての分子間に働く弱い力**。

③ **分子量と分子間力**…構造がよく似た分子では，分子量（➡ *p.46*）が大きいほど分子間力（ファンデルワールス力）が大きい。➡**分子量が大きいほど沸点・融点が高い**。

④ **水素結合**…HF，H_2O，NH_3 など，電気陰性度の大きい元素の水素化合物で，分子間に形成される結合。水素結合によって HF，H_2O，NH_3 は，**分子量に比較して融点・沸点が異常に高い**。

基礎の基礎を固める！

（　　）に適語を入れよ。　答 ➡ 別冊 *p.12*

31 電気陰性度と結合の極性　32

① **電気陰性度**…共有結合している原子間で，(❶　　　　　)を引き寄せる強さを表す数値。

② 電気陰性度は，元素の周期表の**18族を除く**，(❷　　　　　)**側**・(❸　　　　　)**側の元素ほど大きい**。よって，電気陰性度が最も大きい元素は(❹　　　　　)である。

③ 異なる元素の２原子間の共有結合では，電気陰性度の大きいほうに(❺　　　　　)が引き寄せられ，電荷の偏りが生じる。この電荷の偏りを，結合の(❻　　　　　)という。

32 分子の極性　33

① (❼　　　　　)…結合の極性により，**分子全体として電荷の偏りがある分子**。

② (❽　　　　　)…**分子全体として電荷の偏りがない分子**。

③ 単体では，原子間に(❾　　　　　)の差がないため，分子に電荷の偏りがなく，(❿　　　　　)分子である。

④ 二原子分子の化合物では，原子間に(⓫　　　　　)の差があるため，分子に電荷の偏りがあり(⓬　　　　　)分子である。

⑤ 多原子分子の極性の有無は分子の(⓭　　　　　)による。１つ１つの結合に極性があっても分子全体として極性が打ち消される CO_2 や CH_4 などは(⓮　　　　　)分子である。

33 分子間力と水素結合　34　発展

① (⓯　　　　　)…分子間に働く弱い引力の総称。

② (⓰　　　　　)…極性の有無によらず**すべての分子間に働く弱い力**。

③ 構造がよく似た分子では，**分子量が大きいほど**(⓱　　　　　)**が大きく**，**沸点・融点が**(⓲　　　　　)**い**。

④ (⓳　　　　　)…HF，(⓴　　　　　)，NH_3 など，電気陰性度の大きい元素の水素化合物で分子間に形成される結合。(㉑　　　　　)より強いが，(㉒　　　　　)結合や(㉓　　　　　)結合よりはるかに弱い。

⑤ HF，H_2O，NH_3 は，(㉔　　　　　)結合を形成するため，(㉕　　　　　)**に比較して沸点・融点が異常に高い**。

テストによく出る問題を解こう！

答 ➡ 別冊 p.12

61 ［電気陰性度と極性の大小］ テスト

次の(1)，(2)の問いに答えよ。

(1) 次のア～エのうち，電気陰性度が最も大きいものを選べ。（　　）

ア N　イ S　ウ O　エ P

(2) 次のア～エのうち，結合の極性が最も大きいものを選べ。（　　）

ア H−Br　イ H−I　ウ H−F　エ H−Cl

ヒント 周期表(18族を除く)の右側・上側の元素ほど，電気陰性度が大きい。

62 ［電気陰性度と結合の極性の大小］

次の表は，元素の電気陰性度である。(1)，(2)にあてはまるものをア～エより選べ。

元素	H	C	O	F	Cl
電気陰性度	2.1	2.5	3.5	4.0	3.0

(1) 原子間の極性が最も大きいもの（　　）

(2) 原子間の極性が最も小さいもの（　　）

ア CO　イ Cl_2　ウ HF　エ HCl

ヒント 電気陰性度の差が大きいほど，原子間に生じる極性が大きい。

63 ［極性分子と無極性分子］ 難

次の(1)，(2)にあてはまるものを，あとのア～カからそれぞれ選べ。

(1) すべて極性分子であるもの（　　）

(2) すべて無極性分子であるもの（　　）

ア H_2，NH_3，H_2S　イ N_2，CO_2，CCl_4

ウ CO_2，HCl，H_2S　エ CH_4，HI，Cl_2

オ HF，H_2O，NH_3　カ H_2O，CH_4，NH_3

64 ［分子からなる物質の沸点］ 発展

次のア～カのうち，沸点の高低を示したものとして誤っているものをすべて選べ。

（　　）

ア $F_2 < Cl_2 < Br_2$　イ $HF < HCl < HBr$

ウ $CH_4 < C_2H_6 < C_3H_8$　エ $CH_4 < SiH_4 < GeH_4$

オ $NH_3 < PH_3 < AsH_3$　カ $H_2O < H_2S < H_2Se$

ヒント 水素結合を形成する物質は，異常に沸点が高い。

65 ［分子の形と極性］ テスト

次の(1)～(6)にあてはまる分子を，下のア～コからすべて選べ。

(1) 直線形の極性分子 (　　　　)
(2) 直線形の無極性分子 (　　　　)
(3) 正四面体形の無極性分子 (　　　　)
(4) 四面体形の極性分子 (　　　　)
(5) 折れ線形の極性分子 (　　　　)
(6) 三角錐形の極性分子 (　　　　)

ア Cl_2　**イ** CH_4　**ウ** H_2S　**エ** NH_3　**オ** CH_3Cl
カ PH_3　**キ** CCl_4　**ク** CO_2　**ケ** H_2O　**コ** HCl

66 ［分子間に働く力］ 発展

次の文中の(　　　)に適する語句を，下のア～シから選べ。語句の使用は1回とは限らない。

水 H_2O はメタン CH_4 と①(　　　)があまり違わないが，常温でメタンは気体であるが，水は液体である。この違いは次のように説明される。

メタン分子内の水素原子 H と炭素原子 C は②(　　　)をつくり，水素原子と炭素原子の③(　　　)の差から H−C の結合に④(　　　)がある。しかし，メタン分子は炭素原子を中心とした⑤(　　　)の構造であることから⑥(　　　)である。

これに対して，水分子内の水素原子 H と酸素原子 O は⑦(　　　)をつくり，水素原子と酸素原子の⑧(　　　)の差から H−O の結合には⑨(　　　)があり，また，水分子は⑩(　　　)の構造であることから⑪(　　　)である。また，酸素の⑫(　　　)が大きいことから，水分子間に⑬(　　　)が形成される。このため水は分子間の引力が非常に強く，沸点が⑭(　　　)に比較して異常に高くなる。

ア 電気陰性度　**イ** 極性　**ウ** 極性分子　**エ** 無極性分子
オ イオン結合　**カ** 共有結合　**キ** 水素結合　**ク** 分子量
ケ 直線形　**コ** 折れ線形　**サ** 三角錐形　**シ** 正四面体形

67 ［分子の構造・分子間に働く力］

次の(1)，(2)の物質ア～ウについて，①～③にあてはまるものを選べ。

(1) **ア** CCl_4，**イ** CH_4，**ウ** CH_3Cl について
① 極性分子である。 (　　　)　② 沸点が最も低い。 (　　　)
③ 正四面体形でない。 (　　　)

(2) **ア** H_2S，**イ** H_2Se，**ウ** H_2O について
① 沸点が最も高い。 (　　　)　② 沸点が最も低い。 (　　　)
③ 陽子の数の和が最も大きい。 (　　　)

ヒント (2) 16族元素の水素化合物。

8章 金属，結晶のまとめ

35 □ 金属結合

① **自由電子**…金属の単体では，価電子が各原子に固定されずに，**全原子の電子殻を自由に移動できる**。このような電子を**自由電子**という。

② **金属結合**…**自由電子を仲立ちとした**金属原子（金属イオン）の結合。

36 □ 金属結晶

金属の色は金の黄金色，銅の赤銅色以外はほぼ銀白色。

① **金属の性質**…a) **金属光沢**（こうたく）がある。 b) 熱や電気をよく導く。 c) **展性**・**延性**に富む。➡**いずれも自由電子による。**

② **合金**…2 種類以上の金属を溶かし合わせたもの，および金属に非金属を溶かしこんだもの。

例 ジュラルミン（Al に Cu），ステンレス鋼（Fe に Cr，Ni），黄銅（しんちゅう）（Cu に Zn），青銅（Cu に Sn）

37 □ 金属の結晶構造 発展

1 つの原子に接している原子の数を配位数，原子の詰まりぐあいを充填率という。

結晶構造	体心立方格子	面心立方格子	六方最密構造
結晶格子	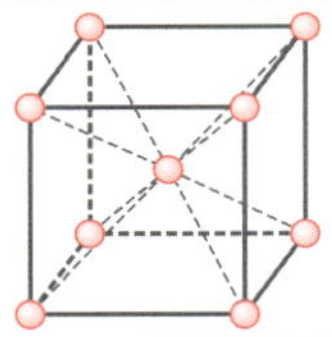	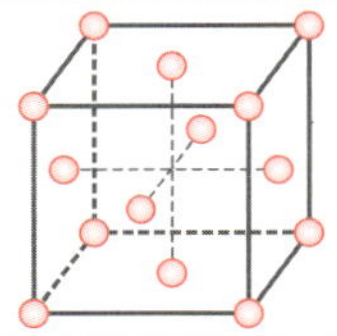	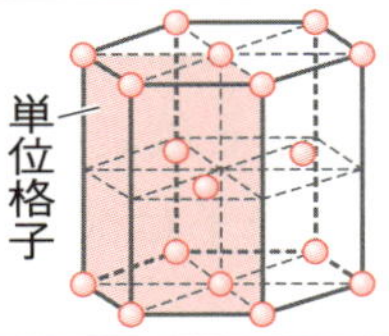
配位数	8	12	12
単位格子中の原子数	2	4	2
充填率	68%	74%	74%

38 □ 結晶の種類

種　類	イオン結晶	分子結晶	共有結合の結晶	金属結晶
おもな成分元素	金属元素 非金属元素	非金属元素	非金属元素	金属元素
結　合	イオン結合	分子間力 ・水素結合 （原子間は共有結合）	共有結合	金属結合
融　点	高　い	低　い	非常に高い	高いものが多い
電気伝導性	なし（液体；あり）	な　し	なし（黒鉛；あり）	あ　り
物理的性質	硬い，もろい	もろくこわれやすい	非常に硬い	光　沢 展性・延性

基礎の基礎を固める！

（　　）に適語を入れよ。　答➡別冊 *p.13*

34 金属結合　35

① （❶　　　　　）…金属単体で，価電子は各原子に固定されずに，全原子の電子殻を自由に移動できる電子。

② （❷　　　　　）は，（❸　　　　　）を仲立ちとした金属原子の結合。

35 金属結晶　36

① **金属の性質**…（❹　　　　　）があり，熱や（❺　　　　　）をよく導く。さらに，（❻　　　　　），（❼　　　　　）に富む。

② （❽　　　　　）…2種類以上の金属を溶かし合わせたもの，および金属に非金属を溶かしこんだもの。

36 金属の結晶構造　37　発展

① 金属の結晶構造は，（❾　　　　　），（❿　　　　　），**六方最密構造**の3種にほぼ大別される。

② （⓫　　　　　）…単位格子中に2個の原子が含まれ，また，1つの原子に接している原子の数である（⓬　　　　　）が8個である。

③ （⓭　　　　　）…単位格子の立方体の8個の頂点および6個の面の中心に原子が位置する構造の格子。

④ （⓮　　　　　）…配位数や結晶中での原子の詰まりぐあいである（⓯　　　　　）は（⓰　　　　　）と同じであるが，単位格子が立方体ではない。

37 結晶の種類　38

① （⓱　　　　　）…非金属元素からなる結晶で，**融点が低く，もろくこわれやすい**。

② （⓲　　　　　）…非金属元素からなる結晶で，**融点が非常に高く，非常に硬い**。

③ （⓳　　　　　）…**金属元素と非金属元素からなる結晶**で，（⓴　　　　　）結合からなる。

④ **電気をよく導き，展性・延性がある**結晶は（㉑　　　　　）である。

⑤ 融点が非常に高い結晶は（㉒　　　　　）。この結晶である（㉓　　　　　）は，やわらかく，電気をよく通すが，融点は非常に高いことは共通している。

⑥ 結晶状態では電気を通さないが，加熱して融解すると電気を通すようになる結晶は（㉔　　　　　）である。

⑦ 融点が低く，結晶状態でも融解しても電気を通さない結晶は（㉕　　　　　）である。

入試問題にチャレンジ！

答 ➡ 別冊 *p.15*

1 **次の(1)〜(3)にあてはまるものを，それぞれのア〜オから選べ。**

(1) 混合物の分離操作ではないもの。

ア ろ過　**イ** 蒸留　**ウ** 抽出　**エ** 再結晶　**オ** 分散

(2) 同素体の組み合わせではないもの。

ア ダイヤモンドと黒鉛　**イ** 黄銅と青銅　**ウ** 黄リンと赤リン

エ 酸素とオゾン　**オ** 斜方硫黄と単斜硫黄

(3) 2価の陽イオンになりやすい元素の原子番号。

ア 6　**イ** 8　**ウ** 10　**エ** 12　**オ** 14

（北海道工大）

2 **次の下線部が，単体でなく元素の意味に用いられているものをア〜オから選べ。**

A 人間の体重の約65％は<u>酸素</u>である。

B <u>金</u>は延性が大きい。

C 負傷して<u>酸素</u>吸入を受ける。

D <u>カリウム</u>は，水と激しく反応するので石油中に保存する。

E ダイヤモンドとフラーレンは，<u>炭素</u>の同素体である。

ア AとB　**イ** CとD　**ウ** BとC　**エ** DとE　**オ** AとE

（自治医大）

3 **次の記述①〜⑤について，正しいものを2つ選べ。**

① 原子は原子核と電子からなり，それらの質量はほぼ等しい。

② 炭素Cの6個の電子は，K殻に2個，L殻に2個，M殻に2個である。

③ ヘリウムHeの価電子の数は0である。

④ ナトリウムイオンの電子配置は，フッ化物イオンの電子配置と同じである。

⑤ 塩化物イオンの電子配置は，アルミニウムイオンの電子配置と同じである。

（東京薬大）

4 **次の(1)，(2)にあてはまるものを，それぞれの①〜⑤のうちから，1つずつ選べ。**

(1) 最も多くの価標をもつ原子

① 窒素分子中のN　② フッ素分子中のF　③ メタン分子中のC

④ 硫化水素分子中のS　⑤ 酸素分子中のO

(2) 二重結合をもつ直線形分子

① H_2O　② CO_2　③ NH_3　④ C_2H_2　⑤ C_2H_4

（センター試験）

5 次の問いに答えよ。

(1) 次の分子の電子式をかけ。

a HCl　**b** H_2O　**c** N_2　**d** CO_2　**e** NH_3

(2) **A**～**D** の分子を沸点の低い順に並べよ。

A N_2　**B** H_2　**C** H_2O　**D** NH_3

(3) 次の電子配置をもつものの元素記号を書け。

a 中性原子のとき，最外殻の電子軌道のM殻に3個の電子をもつ。

b 2価の陽イオンのとき，最外殻の電子軌道のM殻に8個の電子をもつ。

c 1価の陰イオンのとき，最外殻の電子軌道のN殻に8個の電子をもつ。

（早稲田大）

6 次の物質の組み合わせのうち，2つとも無極性分子であるものはどれか。

ア 水，メタン　**イ** 水素，安息香酸　**ウ** 塩化水素，窒素

エ 二酸化炭素，ベンゼン　**オ** 塩素，メタノール

カ アンモニア，四塩化炭素

（星薬大）

7 次の記述のうち，正しいものはどれか。

① KBr，CaF_2，Na_2CO_3，AgI，KOH の原子間の結合は，すべてイオン結合である。

② NH_3 は，H^+ と水素結合を形成して NH_4^+ となる。

③ 金属結晶中では，価電子が金属全体を移動する自由電子となる。

④ 無極性分子であるメタンや二酸化炭素では，原子間の結合に極性はない。

⑤ 第2周期13～17族元素では，原子番号が増えるほど電気陰性度が小さくなる。

⑥ アルミニウムの結晶，黒鉛，融解した塩化ナトリウムはいずれも電気を通す。

（東京工大）

8 右の表は，固体 **A**，**B**，**C**，**D** の性質を表したものである。

	A	B	C	D
融点(昇華点)	低い	高い	高い	高い
水への融解性	溶けにくい	溶ける	溶けない	溶けない
電気の伝導性	通さない	通さない(融解すると通す)	通さない	通す
結晶の固さ，性質	軟らかい	硬い	硬い	展性，延性

(1) 固体 **A**，**B**，**C**，**D** にあてはまるものは次のどれか。

ア カリウム

イ 銅　**ウ** スクロース　**エ** ダイヤモンド　**オ** 酸化マグネシウム

カ ドライアイス　**キ** 黒鉛　**ク** 塩化ナトリウム

(2) 固体 **A**，**B**，**C**，**D** の構成粒子として最も適当なものは次のうちどれか。

ア 陽イオン・自由電子　**イ** 陽イオン・陰イオン　**ウ** 分子　**エ** 原子

(3) 固体 **A**，**B**，**C**，**D** の結晶中で，構成粒子間に働く結合の名称を答えよ。　（島根大）

2編 物質の変化

1章 物質量と溶液の濃度

1 □ 原子量・分子量・式量

原子量は，同位体の相対質量を同位体の存在比に基づいて平均したものである。

① **原子の相対質量**…**^{12}C の質量を 12 とし，これを基準として**原子の質量を相対的に表したもの。

② **原子量と同位体**…ある元素の同位体の相対質量を M_1，M_2…，その存在比〔%〕を x_1，x_2，…とすると，この元素の原子量 M は，

$$M = M_1 \times \frac{x_1}{100} + M_2 \times \frac{x_2}{100} + \cdots$$

③ **分子量**…分子式を構成している原子の原子量の総和。

④ **式量**…組成式やイオン式などを構成している原子の原子量の総和。

2 □ 物質量

物質量は，粒子の数を基準として表す量。

① **物質量**…mol（モル）を単位とした物質の量。

$$\begin{Bmatrix} \text{原　子} \\ \text{分　子} \\ \text{イオン} \end{Bmatrix} \text{1 mol の質量} = \begin{Bmatrix} \text{(原子量)g} \\ \text{(分子量)g} \\ \text{(式　量)g} \end{Bmatrix}$$

➡原子（分子・イオン）の数は，6.02×10^{23} 個

② **アボガドロ定数 N_A**…**1 mol あたりの粒子数**。$N_A = 6.02 \times 10^{23}$/mol

③ **モル質量〔g/mol〕**…物質 1 mol の質量。

原子量 M のモル質量 $= M$〔g/mol〕

④ **アボガドロの法則**…同温・同圧で，**同数の分子を含む気体は，気体の種類に関係なく同体積を占める。**

⑤ **気体 1 mol**…気体 1 mol の体積は，気体の種類に関係なく，**標準状態〔0℃，1.013×10^5 Pa（1 気圧）〕**で **22.4 L** である。➡**モル体積 = 22.4 L/mol**

3 □ 溶液の濃度

① **質量パーセント濃度〔%〕**…溶液 100 g あたりの溶質の質量〔g〕で表す。

② **モル濃度〔mol/L〕**…溶液 1 L あたりの溶質の物質量〔mol〕で表す。

$$\text{モル濃度〔mol/L〕} = \frac{\text{溶質の物質量〔mol〕}}{\text{溶液の体積〔L〕}}$$

基礎の基礎を固める！

（　　）に適語を入れよ。　答 ➡ 別冊 *p.17*

1　原子量・分子量・式量　1

① （❶　　　　　）…^{12}C の質量を（❷　　　　　）とし，これを基準として原子の質量を相対的に表したもの。

② ある元素の同位体の相対質量を M_1, M_2, …，その存在比〔%〕を x_1, x_2, …とすると，この元素の原子量 M は，

$M = M_1 \times$（❸　　　　　）$+ M_2 \times$（❹　　　　　）$+ \cdots$

③ （❺　　　　　）…分子式を構成している原子の原子量の総和。

④ （❻　　　　　）…組成式やイオン式などを構成している原子の原子量の総和。

2　物質量　2

① **物質量**…（❼　　　　　）を単位とした物質の量。

② 原子 1 mol あたりの質量は（❽　　　　　）〔g〕であり，分子 1 mol あたりの質量は（❾　　　　　）〔g〕，イオン 1 mol あたりの質量は（❿　　　　　）〔g〕である。また，これらの質量中に含まれている原子・分子・イオンの数はいずれも同じであり，（⓫　　　　　）個である。

③ （⓬　　　　　）N_A…**1 mol あたりの粒子数。N_A＝**（⓭　　　　　）/mol である。

④ （⓮　　　　　）…物質 1 mol の質量。単位は（⓯　　　　　）。

⑤ （⓰　　　　　）**の法則**…同温・同圧で，**同数の分子を含む気体は，気体の種類に関係なく**（⓱　　　　　）**を占める。**

⑥ 気体 1 mol の体積は，気体の種類に関係なく，**標準状態で**（⓲　　　　　）**L である。**また，モル体積は（⓳　　　　　）L/mol である。

3　溶液の濃度　3

① （⓴　　　　　）**濃度**…溶液 100 g あたりの溶質の質量〔g〕で表す。

② （㉑　　　　　）**濃度**…溶液 1 L あたりの溶質の物質量〔mol〕で表す。

モル濃度〔mol/L〕＝ $\dfrac{\text{溶質の物質量〔mol〕}}{\text{（㉒　　　　　）〔L〕}}$

2章 化学反応式

4 □ 化学反応式

① **化学反応式**…化学変化を化学式を用いて表した式。

② **化学反応式の書き方**…次の a，b の順に書く。

a 化学式を書く…**反応する物質（反応物）の化学式を左辺に，生成する物質（生成物）の化学式を右辺に書き，**両辺を矢印（→）で結ぶ。

$N_2 + H_2 \longrightarrow NH_3$

（N_2，H_2：反応物を左辺に　NH_3：生成物を右辺に）

b 係数を合わせる…左辺と右辺の各元素の原子の数が等しくなるように，化学式の前に係数をつける（ただし，1 は省略する）。

$N_2 + 3H_2 \longrightarrow 2NH_3$

（N_2：1 は省略）

③ **イオン反応式**…イオンが関係した反応において，イオン式を用いて表した化学反応式。➡イオン反応式では，**左辺と右辺で電荷の和も等しくなる。**（両辺の各元素の原子数を等しくすると，電荷の和も等しくなるイオン反応式がほとんどである。）

5 □ 化学反応式と量的関係

① **係数と物質量**…化学反応式において「**係数比＝物質量（mol）比**」の関係がある。

② **物質量**…物質 *n*〔mol〕の
- **質量＝*nM*〔g〕**（*M*；分子量・式量）
- **気体の体積＝22.4 *n*〔L〕**（標準状態）

③ **化学反応式と量的関係**…上記のことから，化学反応式は，次の例のような量的関係がある。

化学反応式		N_2	+	$3H_2$	$\longrightarrow$	$2NH_3$
分子数		1 個		3 個		2 個
物質量		1 mol		3 mol		2 mol
質量（分子量）		28.0 g（28.0）		3×2.0 g（2.0）		2×17.0 g（17.0）
気体の体積	標準状態	22.4 L		3×22.4 L		2×22.4 L
	同温・同圧	1	:	3	:	2

④ **化学反応式と質量・体積（気体）計算**…化学反応式から導いた質量・体積関係から，比例計算によって求める。

基礎の基礎を固める！

（　　）に適語を入れよ。 答➡別冊 *p.18*

4 化学反応式 4

① **化学反応式**…（❶　　　　）変化を化学式で表した式。

② **化学反応式の書き方**…まず，反応する物質（反応物）を（❷　　　　）に，生成する物質を（❸　　　　）に書き，両辺を（❹　　　　）で結ぶ。

次に，左辺と右辺の各元素の原子の（❺　　　　）が等しくなるように，化学式の前に（❻　　　　）をつける。

③ （❼　　　　）…イオンが関係していた反応において，イオン式を用いて表した化学反応式。イオン反応式では，左辺と右辺で（❽　　　　）の和も等しくなる。

5 化学反応式と量的関係 5

① 化学反応式において，「**係数比＝（❾　　　　）比**」の関係がある。

② 物質 n〔mol〕について，質量は分子量を M とすると（❿　　　　）〔g〕，物質が気体であるとき，標準状態での体積は（⓫　　　　）〔L〕である。

③ $N_2 + 3H_2 \longrightarrow 2NH_3$ の反応において，係数比は，

$N_2 : H_2 : NH_3 = 1 :$（⓬　　　　）:（⓭　　　　）

したがって，物質量比は，

$N_2 : H_2 : NH_3 = 1 :$（⓮　　　　）:（⓯　　　　）

④ 分子量が $N_2 = 28.0$，$H_2 = 2.0$，$NH_3 = 17.0$ より，質量比は，

$N_2 : H_2 : NH_3 =$

（⓰　　　　）×1 :（⓱　　　　）×3 :（⓲　　　　）×2

したがって，N_2 28 g と反応する H_2 の質量は（⓳　　　　）g であり，生成する NH_3 の質量は（⓴　　　　）g である。

⑤ 標準状態において，気体 1 mol の体積は（㉑　　　　）L であるから，N_2 28 g と反応する H_2 の体積は（㉒　　　　）L であり，また，生成する NH_3 の体積（㉓　　　　）L である。

また，標準状態における N_2 22.4 L と反応する H_2 の質量は（㉔　　　　）g であり，生成する NH_3 の質量は（㉕　　　　）g である。

⑥ 同温・同圧の気体の体積は，物質量比に（㉖　　　　）するから，同温・同圧の体積比は，$N_2 : H_2 : NH_3 = 1 :$（㉗　　　　）:（㉘　　　　）

よって，同温・同圧において，N_2 2 L と反応する H_2 の体積は（㉙　　　　）L であり，生成する NH_3 の体積は（㉚　　　　）L である。

テストによく出る問題を解こう！

答 ➡ 別冊 *p.19*

11 ［化学反応式①］ テスト

次の(1)〜(4)の化学反応式に係数をつけて完成させよ。

(1) $Zn + HCl \longrightarrow ZnCl_2 + H_2$ （　　　）

(2) $Al + O_2 \longrightarrow Al_2O_3$ （　　　）

(3) $Na + H_2O \longrightarrow NaOH + H_2$ （　　　）

(4) $C_2H_4 + O_2 \longrightarrow CO_2 + H_2O$ （　　　）

12 ［化学反応式②］

次の(1)，(2)の反応を，化学反応式で表せ。

(1) 黄リン P_4 が空気中で自然発火して十酸化四リン P_4O_{10} の白煙を生じた。
（　　　）

(2) 過酸化水素水 H_2O_2 に酸化マンガン（Ⅳ）を加えると，酸素が発生して水が生じた。
（　　　）

ヒント (2)の酸化マンガン（Ⅳ）は触媒であり，化学反応式には書かない。

13 ［イオン反応式］

次の(1)〜(3)の反応を，イオン反応式で表せ。

(1) 塩化ナトリウム水溶液に硝酸銀 $AgNO_3$ の水溶液を加えると，塩化銀 $AgCl$ の沈殿を生じた。 （　　　）

(2) 希硫酸に塩化バリウム $BaCl_2$ の水溶液を加えると，硫酸バリウム $BaSO_4$ の沈殿を生じた。 （　　　）

(3) 塩化鉄（Ⅲ）$FeCl_3$ の水溶液に水酸化ナトリウム水溶液を加えると，水酸化鉄（Ⅲ）$Fe(OH)_3$ の沈殿を生じた。 （　　　）

14 ［化学反応式と量的関係①］

次の化学反応式を用いて(1)，(2)の文の（　　）に数値を記せ。

原子量；H=1.0，Al=27，Cl=35.5

$$2Al + 6HCl \longrightarrow 2AlCl_3 + 3H_2$$

(1) Al 1 mol と反応する HCl の物質量は（　　　）mol であり，発生する H_2 の物質量（　　　）mol である。

(2) Al 27 g と反応する HCl の質量は（　　　）g であり，発生する H_2 の体積は，標準状態で（　　　）L である。

15 ［化学反応式と量的関係②］ テスト

標準状態で 5.6 L のプロパン C_3H_8 を，空気中で完全に燃焼したところ，二酸化炭素 CO_2 と水 H_2O が生成した。次の⑴～⑶に答えよ。 原子量；H=1.0，O=16

⑴ この反応を化学反応式で表せ。 (　　　)

⑵ このとき生成した二酸化炭素は，標準状態で何 L か。 (　　　)

⑶ このとき生成した水は何 g か。 (　　　)

ヒント 化学反応式の「係数比＝物質量比」

16 ［化学反応式と量的関係③］ 必修

次の⑴～⑶の問いに答えよ。

原子量；H=1.0，C=12.0，O=16.0，Al=27.0，Cl=35.5，Ag=108

⑴ アルミニウム 5.4 g を酸素中で完全に燃焼させると何 mol の酸素が反応するか。また，生成する酸化アルミニウム Al_2O_3 は何 g か。 酸素 (　　　)

酸化アルミニウム (　　　)

⑵ プロパン C_3H_8 2.2 g を燃焼させると，二酸化炭素と水がそれぞれ何 g 生じるか。

二酸化炭素 (　　　) 水 (　　　)

⑶ 2.0 mol/L の塩酸 200 mL に硝酸銀水溶液を十分に加えた。沈殿した AgCl は何 g か。

(　　　)

17 ［化学反応式と量的関係④］

次の⑴，⑵の問いに答えよ。

⑴ 水素と窒素からアンモニアを合成する反応において，反応した窒素は標準状態において 30 L であった。反応した水素と生成したアンモニアの標準状態における体積を求めよ。 水素 (　　　) アンモニア (　　　)

⑵ 標準状態で 4.0 L の一酸化炭素と 4.0 L の酸素を混合した気体に点火し，一酸化炭素を完全に燃焼させた。反応後の混合気体の標準状態における体積を求めよ。

(　　　)

ヒント 化学反応式の係数の比 = 同温・同圧における気体の体積の比

18 ［化学反応式と量的関係⑤］ テスト

炭酸カルシウム 10 g に塩酸を加えて完全に反応させ，二酸化炭素を発生させたい。次の⑴，⑵の問いに答えよ。 原子量；C=12，O=16，Ca=40

⑴ 発生する二酸化炭素は，標準状態で何 L か。 (　　　)

⑵ 2.0 mol/L の塩酸を用いるとすると，塩酸は何 mL 必要か。 (　　　)

3章 酸と塩基

6 □ 酸・塩基の定義

① アレーニウスの定義

- 酸…水溶液中で電離し，H^+ を生じる物質。
- 塩基…水溶液中で電離し，OH^- を生じる物質。

② ブレンステッド・ローリーの定義

- 酸…反応において，H^+ を与える分子やイオン。
- 塩基…反応において，H^+ を受け取る分子やイオン。

7 □ 酸・塩基の性質

酸は亜鉛や鉄と反応して水素を発生する。

① **酸の性質**…酸性➡電離によって生じた H^+ による性質。

- 青色リトマス紙の赤変。
- すっぱい味。
- 亜鉛や鉄などと反応。

② **塩基の性質**…塩基性（アルカリ性）➡電離によって生じた OH^- による性質。

- 赤色リトマス紙の青変。
- 手につけると，ぬるぬるした感じ。

8 □ 酸・塩基の価数と強弱

① **酸の価数**…酸の分子中の H^+ になる H 原子の数。

② **塩基の価数**…塩基の化学式中の OH^- になる OH の数。

強塩基以外の金属の水酸化物は水に溶けにくく，弱塩基である。

③ **電離度 α**…$\alpha = \dfrac{\text{電離した電解質の物質量}}{\text{溶かした電解質の物質量}}$ $(0 \leqq \alpha \leqq 1)$

④ **酸・塩基の強弱**

- **強酸**…電離度がほぼ 1 の酸。 例 HCl，H_2SO_4，HNO_3
- **弱酸**…電離度が小さい酸。 例 H_2S，CH_3COOH，H_2CO_3
- **強塩基**…電離度がほぼ 1 の塩基。 例 NaOH, KOH, $Ca(OH)_2$, $Ba(OH)_2$
- **弱塩基**…電離度が小さい塩基，水に溶けにくい塩基。 例 NH_3，$Mg(OH)_2$

9 □ 水素イオン濃度と pH

① **水の電離**…水はわずかに電離する。$H_2O \rightleftarrows H^+ + OH^-$

② **水のイオン積 K_W**…$K_W = [H^+][OH^-] = 1.0 \times 10^{-14}\ \text{mol}^2/\text{L}^2$

③ **pH**…$[H^+] = 1.0 \times 10^{-a}$ mol/L のとき $\text{pH} = a$

酸　性 ←　中　性　→ 塩基性

pH	0	1	2	3	4	5	6	7	8	9	10	11	12	13	14
$[H^+]$	1	10^{-1}	10^{-2}	10^{-3}	10^{-4}	10^{-5}	10^{-6}	10^{-7}	10^{-8}	10^{-9}	10^{-10}	10^{-11}	10^{-12}	10^{-13}	10^{-14}
$[OH^-]$	10^{-14}	10^{-13}	10^{-12}	10^{-11}	10^{-10}	10^{-9}	10^{-8}	10^{-7}	10^{-6}	10^{-5}	10^{-4}	10^{-3}	10^{-2}	10^{-1}	1

基礎の基礎を固める！

（　　）に適語を入れよ。 答 ➡ 別冊 *p.20*

6 酸・塩基の定義 6

① **アレーニウスの定義**では，酸は水溶液中で電離し，（❶　　　　）**を生じる**物質。塩基は水溶液中で電離し，（❷　　　　）**を生じる**物質。

② **ブレンステッド・ローリーの定義**では，酸は反応において，H^+ **を**（❸　　　　）**る**分子やイオン。塩基は反応において，H^+ **を**（❹　　　　）**る**分子やイオン。

7 酸・塩基の性質 7

① 酸の性質は，電離によって生じた（❺　　　　）によるもので，（❻　　　　）い味がし，（❼　　　　）色リトマス紙を（❽　　　　）色に変える。

② 塩基の性質は，電離によって生じた（❾　　　　）によるもので，（❿　　　　）色リトマス紙を（⓫　　　　）色に変える。

8 酸・塩基の価数と強弱 8

① 酸の化学式中の（⓬　　　　）となる H の数を**酸の価数**という。

② 塩基の化学式中の（⓭　　　　）となる OH の数を**塩基の価数**という。

③ **電離度** $\alpha = \dfrac{(⓮\qquad)\text{の物質量}}{(⓯\qquad)\text{の物質量}}$ 　$0 \leqq \alpha \leqq$（⓰　　　　）

④ 電離度がほぼ 1 である酸を（⓱　　　　），電離度が小さい酸を（⓲　　　　）という。

⑤ 電離度がほぼ 1 である塩基を（⓳　　　　），電離度が小さい塩基や水に溶けにくい塩基を（⓴　　　　）という。

9 水素イオン濃度と pH 9

① 水はごくわずかに H^+ と（㉑　　　　）に電離している。

② 水溶液中の $[H^+]$ と $[OH^-]$ の積 K_W を（㉒　　　　）といい，$K_W=$（㉓　　　　）mol^2/L^2。

③ $[H^+]=1.0\times10^{-a}$ mol/L のとき，pH=（㉔　　　　）。

④ 酸性の水溶液においては，$[H^+]$ が 10^{-7} mol/L より（㉕　　　　）いので，pH は（㉖　　　　）より小さい。

⑤ 塩基性の水溶液においては，$[OH^-]$ が 10^{-7} mol/L より（㉗　　　　）く，$[H^+]$ が 10^{-7} mol/L より（㉘　　　　）いので，pH は 7 より（㉙　　　　）い。

テストによく出る問題を解こう！

答 ➡ 別冊 *p.20*

19 [酸・塩基の定義] 必修

ブレンステッド・ローリーの酸・塩基の定義において，次の(1)〜(4)の下線部の物質は酸・塩基のどちらとして働いているか。

(1) $HCl + \underline{H_2O} \longrightarrow H_3O^+ + Cl^-$ (　　　　)

(2) $NH_3 + \underline{H_2O} \longrightarrow NH_4^+ + OH^-$ (　　　　)

(3) $\underline{CO_3^{2-}} + H_2O \longrightarrow HCO_3^- + OH^-$ (　　　　)

(4) $\underline{HS^-} + H_2O \longrightarrow H_3O^+ + S^{2-}$ (　　　　)

ヒント H^+ を与える物質が酸，H^+ を受け取る物質が塩基。

20 [酸・塩基の性質①]

次の(1)〜(5)のうち，酸の性質には A，塩基の性質には B を記せ。

(1) すっぱい味がする。 (　　　)

(2) 手につけると，ぬるぬるした感じがする。 (　　　)

(3) フェノールフタレイン溶液を滴下すると赤色になる。 (　　　)

(4) マグネシウムや亜鉛を溶かす。 (　　　)

(5) 青色リトマス紙を赤色にする。 (　　　)

21 [酸・塩基の性質②]

次の(1)〜(5)の文のうち，正しいものには○，誤っているものには × を記せ。

(1) 水素化合物の多くは酸である。 (　　　)

(2) 金属の水酸化物の多くは塩基である。 (　　　)

(3) 酸は酸素の化合物である。 (　　　)

(4) 1 価の酸より 2 価の酸のほうが強い酸である。 (　　　)

(5) 金属の水酸化物のうち，水によく溶けるものは強塩基である。 (　　　)

22 [酸・塩基の電離式] 必修

次の(1)〜(6)の酸・塩基の水溶液中での電離式を書け。ただし，多価の酸については，すべての段階の電離式を書け。

(1) 塩　酸 (　　　　　　　　　　)

(2) 酢　酸 (　　　　　　　　　　)

(3) 硫　酸 (　　　　　　　　　　　　　　)

(4) リン酸 (　　　　　　　　　　　　　　)

(5) アンモニア (　　　　　　　　　　)

(6) 水酸化カルシウム (　　　　　　　　　　)

23 [酸・塩基の価数と強弱]

次の(1)～(10)にあてはまるものを，あとのア～タからすべて選べ。

(1) 1価の強酸 (　　　)　(2) 1価の弱酸 (　　　)
(3) 1価の強塩基 (　　　)　(4) 1価の弱塩基 (　　　)
(5) 2価の強酸 (　　　)　(6) 2価の弱酸 (　　　)
(7) 2価の強塩基 (　　　)　(8) 2価の弱塩基 (　　　)
(9) 3価の酸 (　　　)　(10) 3価の塩基 (　　　)

ア 硫　酸　**イ** アンモニア　**ウ** リン酸
エ 水酸化カルシウム　**オ** 硝　酸　**カ** 水酸化マグネシウム
キ 水酸化アルミニウム　**ク** 硫化水素　**ケ** 水酸化鉄(Ⅲ)
コ 水酸化ナトリウム　**サ** 塩　酸　**シ** 水酸化カリウム
ス 酢　酸　**セ** 炭　酸　**ソ** 水酸化バリウム
タ 水酸化銅(Ⅱ)

24 [酸・塩基の濃度と pH] テスト

次の(1)～(4)の水溶液の$[H^+]$，$[OH^-]$，pH を求めよ。

(1) 0.1 mol/L の塩酸
$[H^+]$ (　　　) $[OH^-]$ (　　　) pH (　　　)
(2) 0.1 mol/L の水酸化ナトリウム水溶液
$[H^+]$ (　　　) $[OH^-]$ (　　　) pH (　　　)
(3) 0.1 mol/L の酢酸水溶液(電離度 0.01)
$[H^+]$ (　　　) $[OH^-]$ (　　　) pH (　　　)
(4) 0.1 mol/L のアンモニア水(電離度 0.01)
$[H^+]$ (　　　) $[OH^-]$ (　　　) pH (　　　)

ヒント $[H^+]$＝酸のモル濃度×電離度，強酸・強塩基の電離度≒1，$[H^+][OH^-]=1\times10^{-14}\ mol^2/L^2$

25 [pH]

次の(1)～(5)の問いに答えよ。

(1) pH が 1 の水溶液の$[H^+]$は，pH が 3 の水溶液の$[H^+]$の何倍か。 (　　　)
(2) 0.1 mol/L の酢酸水溶液の pH は 3 であった。この酢酸の電離度を求めよ。
(　　　)
(3) pH が 12 の水酸化ナトリウム水溶液を水で 100 倍に薄めた水溶液の pH を求めよ。
(　　　)
(4) pH が 13 の水酸化カルシウム水溶液のモル濃度を求めよ。 (　　　)
(5) pH が 6 の希塩酸を 1000 倍に薄めた水溶液の pH に近い数値を整数で答えよ。
(　　　)

4章 中和反応と塩の性質

🔑 10 □ 中和反応

① **中和反応**…酸と塩基が反応し，それぞれの性質を互いに打ち消し合う反応。

$$酸 + 塩基 \longrightarrow 塩 + 水 \implies H^+ + OH^- \longrightarrow H_2O$$

> NH₃ と酸の中和反応では，水 H₂O が生成しない。

② **中和の量的関係**…酸の H^+ の物質量 = 塩基の OH^- の物質量

$\left. \begin{array}{l} c\,[\mathrm{mol/L}]\,のa\,価の酸の水溶液\,v\,[\mathrm{mL}] \\ c'\,[\mathrm{mol/L}]\,のb\,価の塩基の水溶液\,v'\,[\mathrm{mL}] \end{array} \right\}$ が中和したとき

$$a \times c \times \dfrac{v}{1000} = b \times c' \times \dfrac{v'}{1000} \implies acv = bc'v'$$

③ **中和滴定**…中和の量的関係を利用して，酸や塩基の濃度を求める操作。
- **メスフラスコ**…一定濃度の溶液をつくる。
- **ホールピペット**…一定体積の溶液をとる。
- **ビュレット**…滴下した溶液の体積を測る。

> 中和滴定ではメスシリンダーなど精度の低い器具は使用しない。

④ **滴定曲線（中和滴定曲線）**…中和滴定における水溶液の体積と pH の関係のグラフ。

強酸と強塩基 / **強酸と弱塩基** / **弱酸と強塩基**
（フェノールフタレイン／メチルオレンジ）

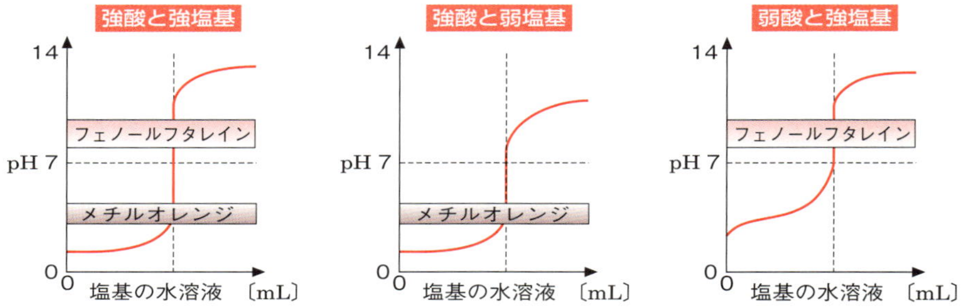

🔑 11 □ 塩の種類と水溶液の性質

① **塩の種類**
- **正塩**…酸の H も塩基の OH も残っていない塩。 例 $NaCl$, K_2SO_4
- **酸性塩**…酸の H が残っている塩。 例 $NaHCO_3$, $KHSO_4$
- **塩基性塩**…塩基の OH が残っている塩。 例 $Cu(OH)Cl$, $Mg(OH)Cl$

② **正塩の水溶液の性質**
- **強酸と強塩基**からなる塩…ほぼ**中性** 例 $NaCl$, K_2SO_4
- **強酸と弱塩基**からなる塩…**酸性** 例 NH_4Cl
- **弱酸と強塩基**からなる塩…**塩基性** 例 Na_2CO_3

③ **酸性塩の水溶液の性質**…正塩よりやや酸性側に寄る。

> Na_2CO_3 水溶液は塩基性，$NaHCO_3$ 水溶液は弱塩基性。

基礎の基礎を固める！

（　　）に適語を入れよ。　答 ⇒ 別冊 *p.22*

10 中和反応　10

① （1　　　　　）…酸と塩基が反応して，それぞれの性質を互いに打ち消す反応。

この反応は，　　　酸 ＋ 塩基 ⟶ （2　　　　　）＋ 水

イオン反応式では，　H^+ ＋ （3　　　　　） ⟶ H_2O

② 中和における酸と塩基の量的関係は，

酸の（4　　　　　）の物質量＝塩基の（5　　　　　）の物質量

c〔mol/L〕の a 価の酸の水溶液 v〔mL〕と c'〔mol/L〕の b 価の塩基の水溶液 v'〔mL〕が中和したとき，次のような関係がある。

$$(\ 6\ \qquad)\times\frac{v}{1000}=(\ 7\ \qquad)\times\frac{v'}{1000}$$

③ （8　　　　　）…中和の量的関係を利用して，酸や塩基の濃度を求める操作。この実験に用いる器具として，次のようなものがある。

（9　　　　　）…一定濃度の溶液をつくる。

（10　　　　　）…一定体積の溶液をとる。

（11　　　　　）…滴下した溶液の体積を測る。

④ （12　　　　　）…中和滴定における酸や塩基の水溶液の体積と pH の関係のグラフ。

強酸と強塩基の中和滴定では，グラフは，酸性側・塩基性側の両側に広がり，中和の指示薬は（13　　　　　），（14　　　　　）のどちらでもよい。

強酸と弱塩基の中和滴定では，グラフは（15　　　　　）性側に偏り，中和の指示薬は（16　　　　　）を用いる。これに対して，弱酸と強塩基の中和滴定では，グラフは（17　　　　　）性側に偏り，指示薬は（18　　　　　）を用いる。

11 塩の種類と水溶液の性質　11

① **塩の種類**
- （19　　　　　）…酸の H も塩基の OH も残っていない塩。
- （20　　　　　）…酸の H が残っている塩。
- （21　　　　　）…塩基の OH が残っている塩。

② **正塩の水溶液の性質**
- 強酸と強塩基からなる塩…（22　　　　　）性
- 強酸と弱塩基からなる塩…（23　　　　　）性
- 弱酸と強塩基からなる塩…（24　　　　　）性

③ **酸性塩の水溶液の性質**…正塩よりやや（25　　　　　）側に寄る。

テストによく出る問題を解こう！

答 ➡ 別冊 *p.22*

26 ［中和の化学反応式］ 必修

次の(1)〜(5)の反応を化学反応式で表せ。

(1) 塩酸に水酸化カリウム水溶液を加えた。(　　　　　　　　　　)

(2) 希硫酸に水酸化ナトリウム水溶液を加えた。

(　　　　　　　　　　)

(3) 水酸化カルシウム水溶液に硝酸を加えた。

(　　　　　　　　　　)

(4) アンモニア水に希硫酸を加えた。(　　　　　　　　　　)

(5) 酢酸水溶液に水酸化バリウム水溶液を加えた。

(　　　　　　　　　　)

27 ［中和の量的関係①］ テスト

次の(1)〜(5)の問いに答えよ。

原子量；H＝1.0，O＝16.0，Na＝23.0，S＝32.0，Ca＝40.0

(1) 0.10 mol/L の希塩酸 20.0 mL を中和するには，0.20 mol/L の水酸化ナトリウム水溶液が何 mL 必要か。(　　　　)

(2) 0.20 mol/L の希硫酸 30.0 mL を中和するには，0.30 mol/L の水酸化カリウム水溶液が何 mL 必要か。(　　　　)

(3) 2.0 mol/L の希塩酸 50.0 mL を中和するには，水酸化カルシウムの固体が何 g 必要か。

(　　　　)

(4) 1.0 mol/L の希硫酸 100.0 mL に水酸化ナトリウムの固体 4.0 g を加えた水溶液を中和するには，2.0 mol/L の水酸化ナトリウム水溶液が何 mL 必要か。(　　　　)

(5) 30.0％の硫酸（密度；1.20 g/cm^3）100 mL を中和するには，6.00 mol/L の水酸化ナトリウム水溶液は何 mL 必要か。(　　　　)

ヒント 酸の H^+ の物質量＝塩基の OH^- の物質量

28 ［中和の量的関係②］ テスト

0.30 mol/L の塩酸 100 mL に，0.80 g の固体の水酸化ナトリウムを入れた。残った塩酸を中和しようと思う。次の(1)，(2)の場合について答えよ。

原子量；H＝1.0，O＝16.0，Na＝23.0

(1) 固体の水酸化ナトリウムを，さらに何 g 加えればよいか。(　　　　)

(2) 0.10 mol/L の水酸化ナトリウム水溶液を何 mL 加えればよいか。(　　　　)

ヒント 塩酸の H^+ の物質量＝水酸化ナトリウムの OH^- の総物質量

29 ［中和の量的関係③］

濃度のわからない硫酸 20 mL に，1.0 mol/L の水酸化ナトリウム水溶液 40 mL を加えたところ，塩基性を示した。この溶液を中和するのに 0.20 mol/L の硫酸 20 mL を要した。はじめの硫酸のモル濃度を求めよ。　（　　　　）

30 ［中和の量的関係④］

0.10 mol/L の酢酸水溶液 60.0 mL と 0.12 mol/L の希硫酸 50.0 mL を混合した水溶液 A がある。次の(1)，(2)の問いに答えよ。 原子量；H=1.0，O=16.0，Na=23.0

(1) 水溶液 **A** を中和するには，0.10 mol/L の水酸化カルシウム水溶液何 mL が必要か。（　　　　）

(2) 水溶液 **A** を中和するには，5.0％の水酸化ナトリウム水溶液何 mL が必要か。水酸化ナトリウム水溶液の密度は 1.0 g/cm^3 とする。（　　　　）

31 ［中和滴定］ テスト

次の実験 1 ～ 3 について，あとの(1)～(5)の問いに答えよ。

原子量；H=1.0，C=12.0，O=16.0

実験 1 シュウ酸の結晶 $(COOH)_2 \cdot 2H_2O$ x〔g〕をビーカーにとり，少量の純水で溶かした後，この水溶液を **A**（器具）に移し，さらに純水を加えて 0.10 mol/L のシュウ酸水溶液 100 mL をつくった。

実験 2 この 0.10 mol/L のシュウ酸水溶液を 10.0 mL の **B**（器具）で三角フラスコにとり，指示薬 I 2 ～ 3 滴を滴下した。

実験 3 濃度のわからない水酸化ナトリウム水溶液を **C**（器具）にとり，三角フラスコにとったシュウ酸水溶液に滴下したところ，8.0 mL 滴下したとき，水溶液は赤色に変色した。

(1) 文中の器具 **A**，**B**，**C** の名称を記せ。

A（　　　　　　）**B**（　　　　　　）
C（　　　　　　）

(2) **A** ～ **C** の器具のうち，操作の前に蒸留水で洗い，ぬれたまま使用してもよいものはどれか。（　　　　）

(3) 指示薬 I の名称を記せ。（　　　　）

(4) 文中のシュウ酸の結晶 $(COOH)_2 \cdot 2H_2O$ x〔g〕の x はどれだけか。（　　　　）

(5) この水酸化ナトリウム水溶液の濃度は何 mol/L か。（　　　　）

ヒント (3) 弱酸と強塩基の中和滴定であること，また文中の「赤色に変色した」に着目。
(5) シュウ酸は 2 価の酸であることに留意。

32 ［滴定曲線①］

右図は，中和の滴定曲線である。次の⑴，⑵の問いに答えよ。

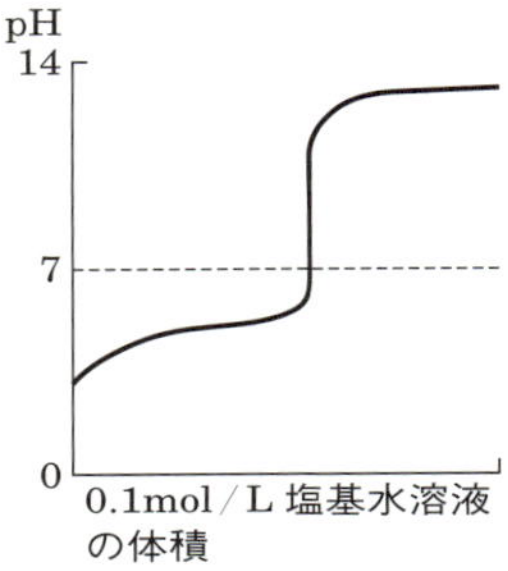

⑴　この滴定曲線は，次のどの中和の滴定曲線か。**ア～エ**で答えよ。ただし，濃度はすべて 0.1 mol/L である。

ア　希塩酸と水酸化ナトリウム水溶液

イ　酢酸水溶液と水酸化ナトリウム水溶液

ウ　希塩酸とアンモニア水

エ　酢酸水溶液とアンモニア水

⑵　この中和の指示薬としては，次のどれが最も適当か。**ア～エ**で答えよ。

（　　　）

ア　リトマス　　**イ**　メチルオレンジ　　**ウ**　フェノールフタレイン

エ　メチルオレンジとフェノールフタレインのどちらでもよい。

ヒント　⑴　中和の滴定曲線は，酸・塩基の強いほうにひろがる。
⑵　変色域は，メチルオレンジが酸性側，フェノールフタレインは塩基性側である。

33 ［中和の滴定曲線②］ テスト

濃度 0.10 mol/L のアンモニア水 10 mL を，濃度 0.10 mol/L の塩酸で滴定しながら，その体積（滴下量）と溶液の pH との関係を調べた。次の⑴，⑵の問いに答えよ。

⑴　滴定曲線として最も適当なものを，次の図の**ア～エ**から選べ。　（　　　）

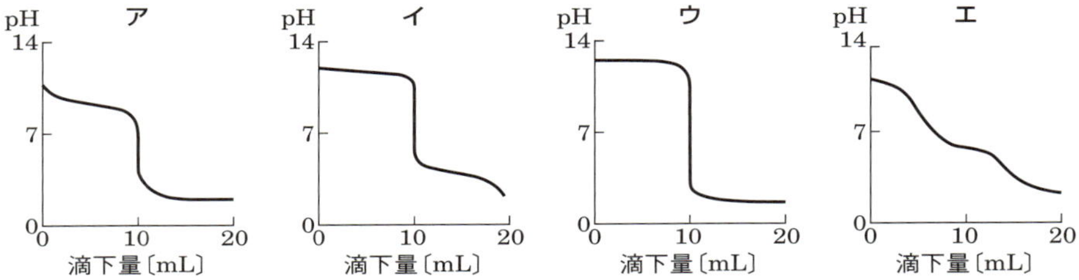

⑵　この滴定を行うとき，次の指示薬**A**，**B**に関する記述として正しいものを，次の**ア～エ**から選べ。　（　　　）

A；フェノールフタレイン　　**B**；メチルオレンジ

ア　**A**，**B**とも使用できる。

イ　**A**は使用できるが，**B**は使用できない。

ウ　**A**は使用できないが，**B**は使用できる。

エ　**A**，**B**とも使用できできない。

ヒント　弱塩基のアンモニア水と強酸の塩酸の滴定曲線である。

34 ［中和滴定と pH］

0.10 mol/L の塩酸 50 mL に濃度不明の水酸化ナトリウム水溶液 50 mL を加えると，pH が 2 の溶液になった。水酸化ナトリウム水溶液のモル濃度を求めよ。　（　　　　　）

35 ［滴定曲線と pH］

右の図は，0.10 mol/L の塩酸 25.0 mL に水酸化ナトリウム水溶液を滴下したときの滴定曲線である。次の(1)〜(4)の問いに答えよ。

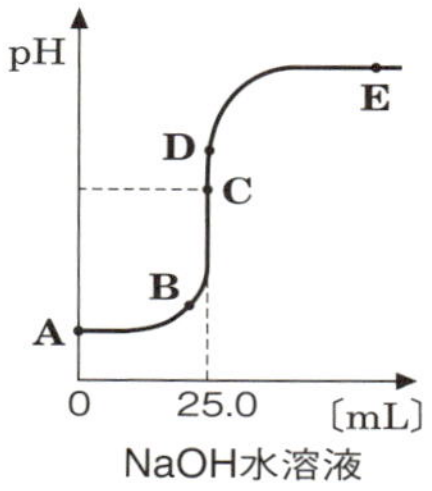

(1) 水酸化ナトリウム水溶液の濃度は何 mol/L か。　（　　　　）

(2) A 点の pH を求めよ。　（　　　　）

(3) C 点の pH を求めよ。　（　　　　）

(4) 指示薬としてフェノールフタレイン溶液を用いる場合，色が現れはじめるのは A～E のどの点か。　（　　　　）

36 ［塩の分類］

次のア～クの塩を，①正塩，②酸性塩，③塩基性塩，に分類せよ。

①（　　　　）②（　　　　）③（　　　　）

ア $NaHSO_4$　イ $AgNO_3$　ウ K_2HPO_4
エ $MgCl(OH)$　オ NH_4Cl　カ $CuCl(OH)$
キ CH_3COONa　ク $Ca(HCO_3)_2$

37 ［正塩の水溶液の性質］ テスト

次の(1)～(6)の塩のうち，水溶液が酸性を示すものには A，塩基性を示すものには B，ほぼ中性を示すものには C を記せ。

(1) CH_3COONa　（　　　　）　(2) $CaCl_2$　（　　　　）
(3) NH_4Cl　（　　　　）　(4) $CuSO_4$　（　　　　）
(5) Na_2CO_3　（　　　　）　(6) KNO_3　（　　　　）

38 ［塩の水溶液の性質］ 難

次のア～エの塩を，水溶液の pH が大きい順に並べよ。　（　　　　）

ア Na_2SO_4　イ Na_2CO_3　ウ $NaHSO_4$　エ $NaHCO_3$

ヒント 弱酸と強塩基からなる塩の場合…正塩➡水溶液は塩基性，酸性塩➡水溶液は弱塩基性

5章 酸化還元反応

12 □ 酸化と還元

	酸化された	還元された
酸素 O	化合した	失った
水素 H	失った	化合した
電子 e^-	失った	受け取った
酸化数	増加した	減少した

13 □ 酸化数の求め方

① **単体中の原子の酸化数**…0 とする。 例 H_2 の H…0

② **単原子イオンの酸化数**…イオンの価数と等しい。 例 Na^+ の Na…+1

③ **化合物中の原子の酸化数…Na，K，H の酸化数を +1，O の酸化数を −2** とし，化合物全体の酸化数の和が 0 になるようにする。

例 CuO 中の Cu…+2，H_2S 中の S…−2

④ **多原子イオン中の原子の酸化数**…③と同じ基準で，イオン全体の酸化数の和がイオンの価数と等しくなるようにする。 例 MnO_4^- 中の Mn…+7

14 □ 酸化還元反応

単体が関係する反応は，すべて酸化還元反応である。

① **酸化還元反応**…酸化数の変化がある反応。酸化数が増加した原子があれば，必ず，酸化数が減少した原子もある。➡**酸化と還元は同時に起こる。**

② **酸化剤**…相手の物質を酸化する物質。酸化数が減少した原子を含む。
➡**還元されやすい物質は酸化剤として働く。**

③ **還元剤**…相手の物質を還元する物質。酸化数が増加した原子を含む。
➡**酸化されやすい物質は還元剤として働く。**

④ **酸化剤・還元剤のイオン反応式**
酸化数の差が電子の数に等しい。

$$\underline{Mn}O_4^- + 5e^- + 8H^+ \longrightarrow \underline{Mn}^{2+} + 4H_2O$$
(+7) ← 酸化数の差は5 → (+2)

⑤ **酸化還元反応のイオン反応式**…電子 e^- が消去されるように，酸化剤・還元剤のイオン反応式を合計する。

H_2O_2 と SO_2 は，酸化剤にも還元剤にもなる物質である。

酸化剤 $MnO_4^- + 5e^- + 8H^+ \longrightarrow Mn^{2+} + 4H_2O$ （×2）

還元剤 $H_2C_2O_4 \longrightarrow 2CO_2 + 2H^+ + 2e^-$ （×5）

反応式 $2MnO_4^- + 6H^+ + 5H_2C_2O_4 \longrightarrow 2Mn^{2+} + 8H_2O + 10CO_2$

⑥ **酸化還元反応の量的関係**…⑤のイオン反応式の係数の比から求める。

基礎の基礎を固める！

(　　)に適語を入れよ。 答 ➡ 別冊 *p.25*

12 酸化と還元 12

	酸化された	還元された
酸素 O	化合した	❶
水素 H	❷	❸
電子 e^-	❹	❺
酸化数	❻	❼

13 酸化数の求め方 13

① **単体中の原子の酸化数は**(❽　　　　)である。たとえば，N_2 の N の酸化数は(❾　　　　)である。

② **単原子イオンの酸化数は，そのイオンの**(❿　　　　)と等しい。たとえば，Cl^- の Cl の酸化数は(⓫　　　　)である。

③ 化合物中の原子の酸化数は，Na，K，H の**酸化数を**(⓬　　　　)，**O の酸化数を**(⓭　　　　)**として，化合物全体の酸化数の和が**(⓮　　　　)となるように決める。たとえば，CO_2 中の C の酸化数は(⓯　　　　)である。

④ 多原子イオンにおける原子の酸化数は，イオン全体の酸化数の和が，そのイオンの(⓰　　　　)と等しくなるように決める。たとえば，SO_4^{2-} 中の S の酸化数は(⓱　　　　)である。

⑤ NaH 中の H の酸化数は(⓲　　　　)である。

⑥ H_2O_2 中の O の酸化数は(⓳　　　　)である。

14 酸化還元反応 14

① **酸化還元反応**…(⓴　　　　)の変化がある反応。

② 酸化還元反応では，**酸化数が増加した原子があれば，必ず，酸化数が**(㉑　　　　)**した原子が存在する**。

③ **酸化剤**…相手の物質を(㉒　　　　)する物質。(㉓　　　　)されやすい物質ほど，酸化剤として働きやすい。

④ **還元剤**…相手の物質を(㉔　　　　)する物質。(㉕　　　　)されやすい物質ほど，還元剤として働きやすい。

⑤ 酸化剤や還元剤のイオン反応式では，酸化数の差が(㉖　　　　)の数と等しい。

テストによく出る問題を解こう！

答 ➡ 別冊 *p.25*

39 ［酸化と酸素・電子の授受・酸化数の変化］

次の文の（　　）に適する語句，記号，数字を記せ。

$2Cu + O_2 \longrightarrow 2CuO$　において，

(1) Cu（銅）は O（酸素）と（　　　　　）したから「銅は酸化された」という。

(2) Cu 原子の変化をみると，　$Cu \longrightarrow Cu^{2+} +$（　　　　　）　のように変化して「Cu 原子が（　　　　　）を失った」変化である。

(3) Cu の酸化数の変化をみると，（　　　　　）$\longrightarrow +2$　のように変化して，「酸化数が（　　　　　）」している。

40 ［物質の酸化数］ 必修

次の(1)～(16)の物質について，下線をつけた原子の酸化数を求めよ。

(1) $\underline{N}_2$（　　　　　）　(2) $H_2\underline{S}$（　　　　　）

(3) $\underline{N}H_3$（　　　　　）　(4) $H\underline{Cl}$（　　　　　）

(5) $\underline{Pb}O_2$（　　　　　）　(6) $\underline{Ca}(OH)_2$（　　　　　）

(7) $\underline{Al}_2O_3$（　　　　　）　(8) $H_2\underline{S}O_4$（　　　　　）

(9) $H\underline{N}O_3$（　　　　　）　(10) $K\underline{Mn}O_4$（　　　　　）

(11) $K_2\underline{Cr}_2O_7$（　　　　　）　(12) $\underline{Sn}Cl_4$（　　　　　）

(13) $\underline{Fe}_2(SO_4)_3$（　　　　　）　(14) $\underline{Mn}(NO_3)_2$（　　　　　）

(15) $H_2\underline{O}_2$（　　　　　）　(16) $Na\underline{H}$（　　　　　）

ヒント 1. (12)・(13)・(14)のような塩では，成分の酸の陰イオンの酸化数から求める。
2. (15)では H の酸化数，(16)では Na の酸化数が基準。

41 ［イオンの酸化数］

次の(1)～(12)のイオンについて，下線をつけた原子の酸化数を求めよ。

(1) $\underline{Li}^+$（　　　　　）　(2) $\underline{Fe}^{3+}$（　　　　　）

(3) $\underline{I}^-$（　　　　　）　(4) $\underline{S}^{2-}$（　　　　　）

(5) $\underline{O}H^-$（　　　　　）　(6) $\underline{N}O_3^-$（　　　　　）

(7) $\underline{S}O_4^{2-}$（　　　　　）　(8) $\underline{Mn}O_4^-$（　　　　　）

(9) $\underline{N}H_4^+$（　　　　　）　(10) $\underline{C}O_3^{2-}$（　　　　　）

(11) $\underline{Cl}O_3^-$（　　　　　）　(12) $\underline{Cr}O_4^{2-}$（　　　　　）

ヒント 酸化数の合計がイオンの±をつけた価数となる。

42 ［物質の酸化・還元］ テスト

次の(1)～(10)の物質・イオンの変化について，もと（左辺）の物質・イオンが，酸化されたものには **O**，還元されたものには **R**，いずれでもないものには **N** を記せ。

(1) $Cl_2 \longrightarrow Cl^-$ （　　　）　(2) $H_2S \longrightarrow S$ （　　　）

(3) $FeCl_2 \longrightarrow FeCl_3$ （　　　）　(4) $SO_2 \longrightarrow SO_3^{2-}$ （　　　）

(5) $Cu^{2+} \longrightarrow Cu_2O$ （　　　）　(6) $MnO_4^- \longrightarrow Mn^{2+}$ （　　　）

(7) $Cr_2O_7^{2-} \longrightarrow CrO_4^{2-}$ （　　　）　(8) $CH_3CHO \longrightarrow C_2H_5OH$ （　　　）

(9) $HCHO \longrightarrow HCOOH$ （　　　）　(10) $C_2H_5OH \longrightarrow C_2H_4$ （　　　）

ヒント (1)～(7)は，原子の酸化数の増減に着目する。(8)～(10)の有機化合物では，H・O の増減に着目する。

43 ［化学反応式と酸化・還元①］ テスト

次の(1)～(3)の化学反応式で表される反応において，酸化された物質はどれか。

(1) $Zn + H_2SO_4 \longrightarrow ZnSO_4 + H_2$ （　　　）

(2) $Cl_2 + 2H_2O + SO_2 \longrightarrow H_2SO_4 + 2HCl$ （　　　）

(3) $3Cu + 8HNO_3 \longrightarrow 3Cu(NO_3)_2 + 2NO + 4H_2O$ （　　　）

ヒント 酸化数の増加した原子を含む物質。

44 ［化学反応式と酸化・還元②］

次の①～⑤の化学反応式について，両辺の下線部分を比べたとき，硫黄原子が還元されている反応を選べ。 （　　　）

① $\underline{FeS} + 2HCl \longrightarrow FeCl_2 + \underline{H_2S}$

② $\underline{Na_2SO_3} + H_2SO_4 \longrightarrow \underline{SO_2} + Na_2SO_4 + H_2O$

③ $Cu + 2\underline{H_2SO_4} \longrightarrow CuSO_4 + \underline{SO_2} + 2H_2O$

④ $\underline{SO_3} + H_2O \longrightarrow \underline{H_2SO_4}$

⑤ $\underline{SO_2} + O_3 \longrightarrow \underline{SO_3} + O_2$

45 ［化学反応式と酸化還元反応］ テスト

次の①～⑥の化学反応式で，酸化還元反応でないものを 2 つ選べ。 （　　　）

① $2Na + 2H_2O \longrightarrow 2NaOH + H_2$

② $Na_2CO_3 + 2HCl \longrightarrow 2NaCl + H_2O + CO_2$

③ $2KI + Cl_2 \longrightarrow 2KCl + I_2$

④ $MnO_2 + 4HCl \longrightarrow MnCl_2 + 2H_2O + Cl_2$

⑤ $2NH_4Cl + Ca(OH)_2 \longrightarrow CaCl_2 + 2H_2O + 2NH_3$

⑥ $2HgCl_2 + SnCl_2 \longrightarrow Hg_2Cl_2 + SnCl_4$

ヒント 酸化数の変化のない反応を選ぶ。単体が反応または生成する反応は酸化還元反応である。

46 ［イオン反応式と酸化還元反応］

次の①〜⑤のイオン反応式で，酸化還元反応を 1 つ選べ。　（　　）

① $Cu^{2+} + 4NH_3 \longrightarrow [Cu(NH_3)_4]^{2+}$

② $SO_3^{2-} + 2H^+ \longrightarrow H_2O + SO_2$

③ $Cr_2O_7^{2-} + 2OH^- \longrightarrow 2CrO_4^{2-} + H_2O$

④ $MnO_4^- + 5Fe^{2+} + 8H^+ \longrightarrow Mn^{2+} + 5Fe^{3+} + 4H_2O$

⑤ $2Ag^+ + 2OH^- \longrightarrow Ag_2O + H_2O$

ヒント 酸化数の変化のある反応を選ぶ。

47 ［酸化剤・還元剤と酸化数の関係］

次の文の（　　）に適する語句を記せ。

物質Aと物質Bが酸化還元反応をした。物質Aが酸化剤として反応したときは，物質Aが物質Bを①（　　　）し，物質Bは②（　　　）される。このとき，物質Aは③（　　　）されて，物質Bが物質Aを④（　　　）し，物質Bは還元剤として反応している。

したがって，この反応によって，酸化数が⑤（　　　）した原子が物質Aに含まれ，酸化数が⑥（　　　）した原子が物質Bに含まれている。

ヒント 酸化剤・還元剤は能動であり，反応の酸化・還元は受け身である。

48 ［酸化剤・還元剤］　必修

次の(1)〜(5)の化学反応式における下線を付した物質が，酸化剤として反応している場合はO，還元剤として反応している場合はR，いずれでもない場合はNを記せ。

(1) $\underline{Cu} + 4HNO_3 \longrightarrow Cu(NO_3)_2 + 2NO_2 + 2H_2O$　（　　）

(2) $\underline{Cl_2} + Na_2SO_3 + H_2O \longrightarrow Na_2SO_4 + 2HCl$　（　　）

(3) $\underline{NH_3} + HCl \longrightarrow NH_4Cl$　（　　）

(4) $2\underline{FeCl_2} + Cl_2 \longrightarrow 2FeCl_3$　（　　）

(5) $\underline{MnO_2} + 4HCl \longrightarrow MnCl_2 + 2H_2O + Cl_2$　（　　）

ヒント 酸化数が，減少した原子を含む物質がO，増加した原子を含む物質がR。

49 ［酸化剤・還元剤の働きの反応式］

次の(1)〜(4)は，酸化剤・還元剤の働き方を示す反応式である。反応式の（　　）に適する数値を記せ。

(1) $H_2O_2 + (\quad)H^+ + (\quad)e^- \longrightarrow 2H_2O$

(2) $HNO_3 + (\quad)H^+ + (\quad)e^- \longrightarrow NO + 2H_2O$

(3) $H_2S \longrightarrow S + (\quad)H^+ + (\quad)e^-$

(4) $SO_2 + 2H_2O \longrightarrow SO_4^{2-} + (\quad)H^+ + (\quad)e^-$

ヒント 両辺の各元素の原子数と電荷を等しくする。

50 ［酸化剤・還元剤の働きと強さ］

次の酸化還元反応の化学反応式 a，b について，(1)，(2)の問いに答えよ。

a　$H_2O_2 + 2KI + H_2SO_4 \longrightarrow K_2SO_4 + 2H_2O + I_2$

b　$5H_2O_2 + 2KMnO_4 + 3H_2SO_4 \longrightarrow 2MnSO_4 + K_2SO_4 + 8H_2O + 5O_2$

(1)「H_2O_2 の働き」に関する次の記述**ア**～**エ**のうち，正しいものを選べ。　(　　　　)

ア　**a** は酸化剤，**b** は還元剤として働いている。

イ　**a** は還元剤，**b** は酸化剤として働いている。

ウ　**a**・**b** とも酸化剤として働いている。

エ　**a**・**b** とも還元剤として働いている。

(2)　H_2O_2，KI，$KMnO_4$ の酸化剤としての強さは，次のどれにあてはまるか。(　　　　)

ア　$H_2O_2 > KI > KMnO_4$　**イ**　$H_2O_2 > KMnO_4 > KI$　**ウ**　$KI > H_2O_2 > KMnO_4$

エ　$KI > KMnO_4 > H_2O_2$　**オ**　$KMnO_4 > H_2O_2 > KI$　**カ**　$KMnO_4 > KI > H_2O_2$

ヒント　酸化剤としての強さは，反応したとき，酸化剤として反応した方が強い。

51 ［酸化剤・還元剤の反応と量的関係］ テスト

次は $KMnO_4$，KI，$FeSO_4$ の酸化剤・還元剤の働きの反応式である。問いに答えよ。

$KMnO_4$；$MnO_4^- + 8H^+ + 5e^- \longrightarrow Mn^{2+} + 4H_2O$

KI；$2I^- \longrightarrow I_2 + 2e^-$　　　$FeSO_4$；$Fe^{2+} \longrightarrow Fe^{3+} + e^-$

(1)　$KMnO_4$ と KIの酸化還元反応を，イオン反応式で表せ。

(　　　　　　　　　　)

(2)　$KMnO_4$ と $FeSO_4$ の酸化還元反応を，イオン反応式で表せ。

(　　　　　　　　　　)

(3)　$KMnO_4$ 1 mol と KI，$FeSO_4$ は，それぞれ何 mol 反応するか。

KI (　　　　)　$FeSO_4$ (　　　　)

ヒント　電子 e^- が消去するようにイオン反応式をつくる。

52 ［酸化剤・還元剤の反応と酸化還元滴定］

次の式は硫酸酸性におけるニクロム酸カリウム水溶液と過酸化水素水の酸化剤・還元剤としての働きの反応式である。(1)，(2)の問いに答えよ。

$Cr_2O_7^{2-} + 14H^+ + 6e^- \longrightarrow 2Cr^{3+} + 7H_2O$

$H_2O_2 \longrightarrow O_2 + 2H^+ + 2e^-$

(1)　硫酸酸性における二クロム酸カリウム水溶液と過酸化水素水との反応を，イオン反応式で表せ。　(　　　　　　　　　　)

(2)　過酸化水素水 20.0 mL に硫酸酸性で，0.10 mol/L の二クロム酸カリウム水溶液を 18.0 mL 滴下したところで，完全に反応した。この過酸化水素水のモル濃度〔mol/L〕を求めよ。　(　　　　)

6章 電池と電気分解

15 □ 金属のイオン化傾向

① **金属のイオン化傾向**…金属の単体が水溶液中で電子を放出し，陽イオンになろうとする傾向。**イオン化傾向が大きい金属ほど陽イオンになりやすい。**

② **金属のイオン化列**…金属をイオン化傾向が大きい順に並べたもの。

③ **金属の反応性…イオン化傾向が大きい金属ほど反応性が大きい。**

金属のイオン化列	Li	K	Ca	Na	Mg	Al	Zn	Fe	Ni	Sn	Pb	(H_2)	Cu	Hg	Ag	Pt	Au
水との反応性	常温で反応				熱水と反応	高温の水蒸気と反応			水蒸気とも反応しない								
酸との反応性	うすい酸と反応して，水素を発生											―	硝酸，熱濃硫酸に溶ける			王水に溶ける	
空気中での酸化	常温ですぐ酸化				加熱により酸化	強熱により酸化									酸化されない		

※ Pb は，HCl や H_2SO_4 と反応しにくい。また，Al，Fe，Ni は，濃硝酸により不動態となる。

16 □ 電池の原理

2種類の金属を電解質水溶液に入れると，電池ができる。**イオン化傾向が大きい金属が負極，小さい金属が正極**となる。

17 □ いろいろな電池 発展

イオン化傾向の差が大きいほど極板間の電位差が大きくなる。

① **ダニエル電池**…(−)Zn | $ZnSO_4aq$ | $CuSO_4aq$ | Cu(+)

- 負極…Zn ⟶ Zn^{2+}+2e^-
- 正極…Cu^{2+} + 2e^- ⟶ Cu
- 全体…Zn + Cu^{2+} ⟶ Zn^{2+} + Cu

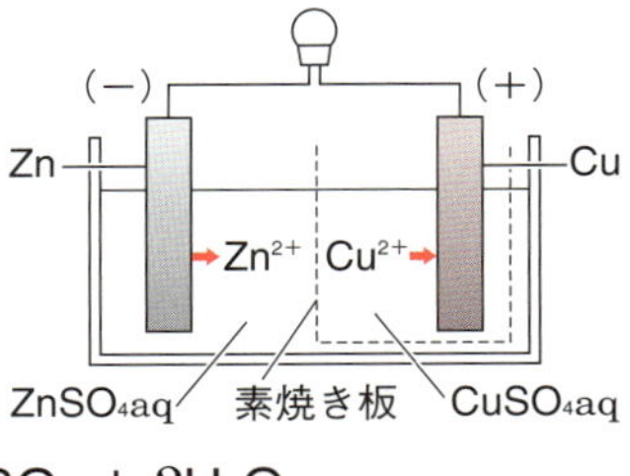

② **鉛蓄電池**…(−)Pb | H_2SO_4aq | PbO_2(+)

- 負極…Pb + SO_4^{2-} ⟶ $PbSO_4$+2e^-
- 正極…PbO_2 + 4H^+ + SO_4^{2-}+2e^- ⟶ $PbSO_4$ + 2H_2O
- 全体…Pb + PbO_2 + 2H_2SO_4 $\underset{充電}{\overset{放電}{\rightleftarrows}}$ 2$PbSO_4$ + 2H_2O

③ **燃料電池**…燃料が酸化還元反応をするときに発生するエネルギーを電気エネルギーとしてとり出す。負極に H_2，正極に O_2，電解液にリン酸水溶液を用いたものでは，

- 負極…H_2 ⟶ 2H^+ + 2e^-
- 正極…$\frac{1}{2}O_2$ + 2H^+ + 2e^- ⟶ H_2O

④ マンガン乾電池…(－)Zn｜$ZnCl_2$aq，NH_4Claq｜MnO_2・C(＋)

18 □ 電気分解 発展

① **電気分解**…電解質水溶液などに直接電流を通すと，電極で反応(酸化還元反応)が起こる。

- 陽極…物質が**電子を失う**反応(酸化反応)が起こる。
- 陰極…物質が**電子を受け取る**反応(還元反応)が起こる。

② **水溶液の電気分解生成物**

電極		水溶液中のイオン	生成物(溶液中)	反応例
陽極	白金	Cl^-，I^-	Cl_2，I_2	$2Cl^- \longrightarrow Cl_2 + 2e^-$
	白金	OH^-	O_2	$4OH^- \longrightarrow 2H_2O + O_2 + 4e^-$
	白金	$SO_4{}^{2-}$，$NO_3{}^-$	O_2，(H^+)	$2H_2O \longrightarrow O_2 + 4H^+ + 4e^-$
	銅	Cu^{2+}，$SO_4{}^{2-}$，$NO_3{}^-$	(Cu^{2+})	$Cu \longrightarrow Cu^{2+} + 2e^-$
陰極		K^+，Ca^{2+}，Na^+，Mg^{2+}	H_2，(OH^-)	$2H_2O + 2e^- \longrightarrow H_2 + 2OH^-$
		Ag^+，Cu^{2+}	Ag，Cu	$Ag^+ + e^- \longrightarrow Ag$

氷晶石を加えると，Al_2O_3の融解する温度が下がる。

③ **融解塩電解**…固体(結晶)を融解して行う電気分解。

例 アルミニウムの融解塩電解…Al_2O_3に氷晶石を加え，融解塩電解する。

- 陰極…$2Al^{3+} + 6e^- \longrightarrow 2Al$
- 陽極…$3O^{2-} + 3C \longrightarrow 3CO + 6e^-$

19 □ 電気分解の量的関係 発展

① **ファラデーの法則**

- 電極で変化するイオンの物質量は，流れる**電気量に比例**する。
- 流れる電気量が一定のとき，変化するイオンの物質量は**イオンの価数に反比例**する。

② **ファラデー定数**…1 mol の電子がもつ電気量の大きさ。**F=96500 C/mol**（C：クーロン）

③ **電流・時間・電気量の関係**…**電流〔A〕×時間〔s〕＝電気量〔C〕**

④ **気体の発生量**…1 mol の電子が流れたときの気体の発生量は，

- H_2の場合…$2H^+ + 2e^- \longrightarrow H_2$(溶液が酸性のとき)

$$2H_2O + 2e^- \longrightarrow H_2 + 2OH^-$$

発生するH_2は$\frac{1}{2}$ mol ➡標準状態で 11.2 L

- O_2の場合…$4OH^- \longrightarrow 2H_2O + O_2 + 4e^-$(溶液が塩基性のとき)

$$2H_2O \longrightarrow O_2 + 4H^+ + 4e^-$$

発生するO_2は$\frac{1}{4}$ mol ➡標準状態で 5.6 L

57 [電　池]

右の図のように，2種類の金属板を塩化ナトリウム水溶液に浸し，金属板間の電位差を測定した。次の(1)，(2)の問いに答えよ。

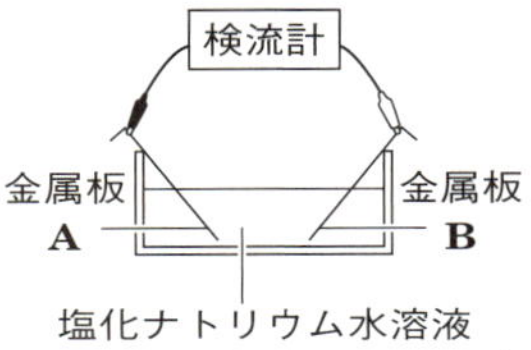

(1)　2種類の金属板の組み合わせを次の①～④のようにしたとき，どちらが正極になるか。化学式で答えよ。

①　Cu と Ag　(　　　　)

②　Pb と Zn　(　　　　)

③　Zn と Ag　(　　　　)

④　Cu と Pb　(　　　　)

(2)　(1)の①～④から，金属板間の電位差が最も大きくなるものを選べ。　(　　　　)

ヒント　(1)　イオン化傾向の小さい金属が正極となる。
(2)　イオン化傾向の差が大きいほど電位差が大きい。

58 [ダニエル電池]　発展

右の図は，ダニエル電池のつくりを模式的に表したものである。次の(1)～(5)の問いに答えよ。

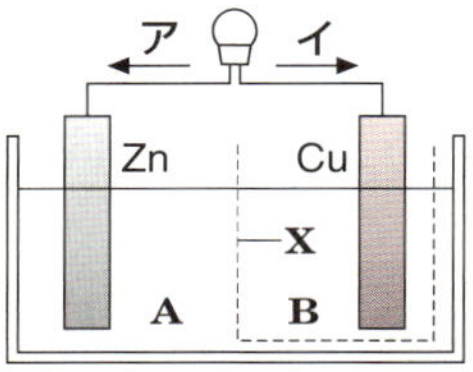

(1)　図中の **A**，**B** の溶液の溶質は何か。化学式で答えよ。

A (　　　　　　)　**B** (　　　　　　)

(2)　亜鉛板，銅板での反応を，イオン反応式で表せ。

亜鉛板 (　　　　　　　　　　)

銅板 (　　　　　　　　　　)

(3)　正極は，亜鉛板，銅板のどちらか。　(　　　　)

(4)　電流の向きは，図中の**ア**，**イ**のどちらか。　(　　　　)

(5)　図中の **X** として適当なものは，次の**ア**～**エ**のどれか。　(　　　　)

ア　ガラス筒　　**イ**　プラスチック筒　　**ウ**　素焼き筒　　**エ**　銅板筒

ヒント　(4)　電流の向きと電子の流れる向きは逆である。
(5)　イオンが出入りできるものを選ぶ。

59 [鉛蓄電池]　発展

次の文章の[　　]には適当な化学式，(　　)には適当な語句を入れよ。

鉛蓄電池は，正極に①[　　　　　　]，負極に②[　　　　　　]を用い，両極板を電解液の③(　　　　　　)に入れたものである。鉛蓄電池を放電すると，両極ともに，水に不溶な④[　　　　　　]に変化する。さらに，③の濃度が⑤(　　　　　　)くなるため，しだいに起電力は低下していく。

ある程度放電した鉛蓄電池は，正極を外部電源の⑥(　　　　　　)極，負極を外部電源の⑦(　　　　　　)極につなぎ，電圧をかけることによって，放電する前の状態に戻すことができる。この操作を⑧(　　　　　　)といい，⑧によって繰り返し使用することができる電池を⑨(　　　　　　)という。

60 [鉛蓄電池で起こる反応] 発展

鉛蓄電池について，次の(1)，(2)の問いに答えよ。

原子量；H=1.0，O=16.0，S=32.0，Pb=207

(1) 放電時に正極・負極で起こる反応を，イオン反応式で表せ。

正極（　　　　　　　　　　　　）

負極（　　　　　　　　　　　　）

(2) 放電時に3 molの電子が流れたとすると，正極・負極の質量はそれぞれ何g増減するか。　正極（　　　　　）　負極（　　　　　）

61 [水溶液の電気分解生成物] 発展

次の(1)～(5)の物質の水溶液を白金電極を用いて電気分解したとき，各極で発生・析出する物質は何か。化学式で答えよ。

(1) NaCl　陽極（　　　　　）　陰極（　　　　　）

(2) $AgNO_3$　陽極（　　　　　）　陰極（　　　　　）

(3) Na_2SO_4　陽極（　　　　　）　陰極（　　　　　）

(4) KOH　陽極（　　　　　）　陰極（　　　　　）

(5) $Cu(NO_3)_2$　陽極（　　　　　）　陰極（　　　　　）

ヒント 陽極…ハロゲンのイオンがあるかどうかに着目。
陰極…イオン化傾向が小さい金属のイオンがあるかどうかに着目。

62 [硫酸銅(Ⅱ)の電気分解] 発展

硫酸銅(Ⅱ)$CuSO_4$の水溶液を次の(1)，(2)のように電気分解したときの各極の変化を，イオン反応式で示せ。

(1) 電極に白金を用いる。　陽極（　　　　　　　　　　　　）

陰極（　　　　　　　　　　　　）

(2) 電極に銅を用いる。　陽極（　　　　　　　　　　　　）

陰極（　　　　　　　　　　　　）

63 [電気分解の量的関係] 発展

塩化銅(Ⅱ)$CuCl_2$の水溶液を，白金電極を用いて，5.00 Aの電流で32分10秒間，電気分解した。次の(1)～(4)の問いに答えよ。　原子量；Cu=63.5

(1) 流れた電気量は何Cか。（　　　　　）

(2) 流れた電子は何molか。（　　　　　）

(3) 各極で生じた物質は何か。　陽極（　　　　　）　陰極（　　　　　）

(4) 各極で生じた物質の量を求めよ。ただし，生じた物質が金属の場合は質量〔g〕で，気体の場合は標準状態における体積〔L〕で答えよ。

陽極（　　　　　）　陰極（　　　　　）

入試問題にチャレンジ！

答 ➡ 別冊 *p.30*

1 塩素原子には，質量数 **35** と質量数 **37** の同位体が存在する。右表を参考にして，塩素の原子量を計算せよ。

同位体	相対質量	存在比〔%〕
^{35}C	35.0	75.8
^{37}C	37.0	24.2

（九州大）

2 ある金属 **11.2 g** をとり，酸素中で完全に燃焼させたところ，**16.0 g** の酸化物が得られた。この酸化物を構成する金属原子の価数が **3** であるとき，この金属の原子量はいくつか。次のうち，最も近い数を選べ。

ア 28　**イ** 42　**ウ** 49　**エ** 51　**オ** 56

（自治医大）

3 プロパン C_3H_8 の気体 **11 g** がある。この気体について，次の(1)〜(3)に答えよ。ただし，気体は理想気体として扱えるものとし，原子量は H=**1.0**，C=**12**，O=**16**　とする。

(1) この気体は，標準状態で何 L になるか。最も近い値を次の**ア**〜**キ**から選べ。

ア 5.6　**イ** 11　**ウ** 22　**エ** 34　**オ** 45　**カ** 90　**キ** 112

(2) プロパン 11g 中に含まれる水素原子は何 mol か。最も近い値を次の**ア**〜**キ**から選べ。

ア 0.50　**イ** 1.0　**ウ** 1.5　**エ** 2.0　**オ** 2.5　**カ** 3.0　**キ** 4.0

(3) プロパン 11g を燃焼させるのに最低限必要な酸素は何 g か。最も近い値を次の**ア**〜**キ**から選べ。

ア 8.0　**イ** 16　**ウ** 24　**エ** 32　**オ** 40　**カ** 48　**キ** 56

（千葉工大）

4 次の溶液のうち，溶液中に含まれるイオンの総数が　**A**；最も多いもの　**B**：**3** 番目に多いもの　**C**；最も少ないものをそれぞれ示せ。

原子量；H=1.0，C=12.0，O=16.0，Na=23.0，S=32.1，Cl=35.5

① 5.85 g/L NaCl 水溶液 20 mL
② 18.0 g/L ブドウ糖水溶液 10 mL
③ 14.2 g/L Na_2SO_4 水溶液 10 mL
④ 0.10 mol/L 酢酸水溶液 20 mL
⑤ 0.10 mol/L 塩酸水溶液 10 mL

（早稲田大）

5 質量パーセント濃度が **0.03**%の塩化ナトリウム水溶液の密度が **1.00 g/cm³** であった場合のモル濃度として最も近い数値を選べ。 原子量；Na=23.0，Cl=35.5

ア 5 mol/L　**イ** 5×10^{-1} mol/L　**ウ** 5×10^{-2} mol/L　**エ** 5×10^{-3} mol/L
オ 5×10^{-4} mol/L　**カ** 5×10^{-5} mol/L

（東邦大）

6 原子量は H=1.0，C=12.0，O=16.0 とし，(2)，(3)は小数第1位で答えよ。

(1) アセチレン C_2H_2 が完全燃焼すると，二酸化炭素と水になる。この反応を化学反応式で示せ。

(2) 0.50 mol のアセチレンが完全燃焼したときに生成する水の質量は何 g であるか。

(3) 標準状態でアセチレン 5.0 L の質量は何 g であるか。 (福井工大)

7 標準状態において，60 L の酸素中で 22 g のプロパンを完全燃焼させた。この反応に関する次の記述で，間違っているものはどれか。2 つ選べ。ただし，原子量は H=1.0，C=12 とする。

a 水が 2 mol 生成する。 **b** 二酸化炭素が 67.2 L 生成する。

c 酸素が 4 L 残る。 **d** 用いたプロパンの体積は 11.2 L である。

e 必要な酸素の量は 2 mol である。 (日本大)

8 酸素にスズ箔(はく)を用いて無声放電すると，その一部が次のようにオゾンに変化する。

$3O_2 \longrightarrow 2O_3$

標準状態で 200 mL の酸素に無声放電すると，その一部がオゾンに変化して体積が 185 mL になった。このとき生じたオゾンの体積は標準状態で何 mL か。 (松山大)

9 次の反応のうち，下線の物質が塩基として働いているものはどれか。ア～オより選べ。

a $\underline{HSO_4^-} + H_2O \longrightarrow SO_4^{2-} + H_3O^+$

b $\underline{NH_4^+} + H_2O \longrightarrow NH_3 + H_3O^+$

c $\underline{C_6H_5NH_2} + HCl \longrightarrow C_6H_5NH_3^+ + Cl^-$

d $\underline{HS^-} + H_2O \longrightarrow H_3O^+ + S^{2-}$

e $\underline{CH_3COO^-} + H_2O \longrightarrow CH_3COOH + OH^-$

ア aとb **イ** aとc **ウ** bとd **エ** cとe **オ** eのみ (自治医大)

10 次の文の空欄①～⑤にあてはまる数字・語句をア～シのなかから選べ。

強酸，強塩基は水溶液中では，大部分が電離して①(　　)に分かれている。塩酸の電離度を1とすれば，1×10^{-3} mol/L 塩酸の pH は②(　　)となる。また，1×10^{-3} mol/L 水酸化ナトリウム水溶液の pH は③(　　)である。pH が 10 の水溶液の水素イオン濃度は，pH が 12 の水溶液の水素イオン濃度の④(　　)倍である。

強酸と強塩基の中和滴定では，指示薬としてメチルオレンジを使用⑤(　　)。

ア 0.001 **イ** 0.01 **ウ** −3 **エ** 2 **オ** 3 **カ** 11

キ 100 **ク** 分子 **ケ** イオン **コ** 電子 **サ** できない **シ** できる

(神奈川大)

11 1.00×10^{-3} mol/L の塩酸が 10.0 mL ある。これに 3.00×10^{-3} mol/L の水酸化ナトリウム水溶液 10.0 mL を加え，溶液全体の体積を 20.0 mL とした。この溶液の pH はどれだけか。

（明治大）

12 次の文章を読んで，下の問いに答えよ。ただし，食酢中の酸はすべて酢酸とみなし，原子量を H=1.0，C=12.0，O=16.0 とする。

市販の食酢を水で 10 倍に薄めた。この溶液 20.0 mL を（　**A**　）を用いてきれいなコニカルビーカーにとり，指示薬として（　**ア**　）溶液を 1 ～ 2 滴加えた。0.100 mol/L の水酸化ナトリウム水溶液を（　**B**　）に入れ，コニカルビーカーの中に滴下したところ，ちょうど中和するまでに 15.0 mL の水酸化ナトリウム水溶液を必要とした。

(1)（　**A**　）および（　**B**　）にあてはまる実験器具の名称を答えよ。

(2) 上の実験の中和反応を，化学反応式で示せ。

(3) 指示薬として，（　**ア**　）にあてはまるものを，**a**，**b** から選び，また，その色の変化を記せ。

a　メチルオレンジ　　**b**　フェノールフタレイン

(4) 10 倍に薄めた食酢中の酢酸の濃度は何 mol/L か。

(5) もとの食酢 500 mL に含まれる酢酸の質量は何 g か。

（福井工大）

13 0.10 mol/L の酸 **a**，**b** を 10 mL ずつとり，それぞれを 0.10 mol/L の水酸化ナトリウム水溶液で滴定し，滴下量と溶液の pH との関係を調べた。

図に示した滴定曲線を与える酸の組み合わせとして最も適当なものを，次の①～⑥から選べ。

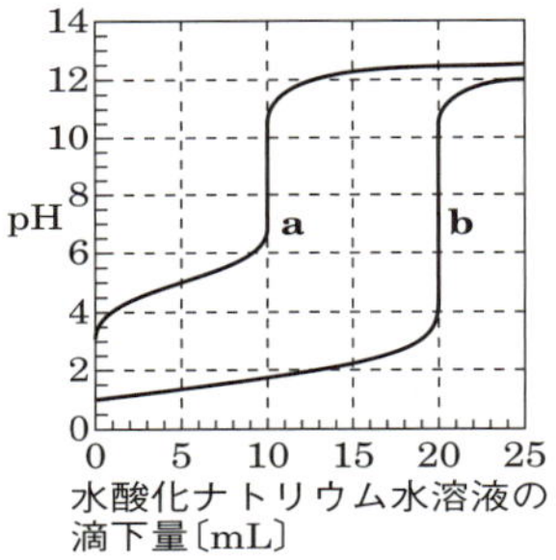

	①	②	③	④	⑤	⑥
a	塩酸	酢酸	硫酸	塩酸	硫酸	酢酸
b	酢酸	塩酸	塩酸	硫酸	酢酸	硫酸

（センター試験）

14 次の化合物ア～オの水溶液のなかで，塩基性を示すものはどれか。

ア　$CuSO_4$　　**イ**　Na_2SO_4　　**ウ**　$NaHCO_3$　　**エ**　NH_4Cl　　**オ**　KNO_3

（千葉工大）

15 次の化学式において，下線を引いた Mn の酸化数をそれぞれ答えよ。

(1) $\underline{Mn}^{2+}$　　(2) $K\underline{Mn}O_4$　　(3) $\underline{Mn}O$　　(4) $\underline{Mn}O_2$

（日本女子大）

16 次の(1)〜(5)の各反応において，下線を引いた原子が，酸化された場合は **1**，還元された場合は **2**，酸化も還元もされる場合は **3**，どちらでもない場合は **0** とせよ。

(1) $2\underline{Cr}O_4^{2-} + 2H^+ \longrightarrow Cr_2O_7^{2-} + H_2O$　　(2) $H_2\underline{O}_2 \longrightarrow 2H_2O + O_2$

(3) $H_2SO_4 + NaH\underline{S}O_3 \longrightarrow NaHSO_4 + SO_2 + H_2O$

(4) $2H_2\underline{S} + SO_2 \longrightarrow 3S + 2H_2O$

(5) $F_2 + H_2\underline{O} \longrightarrow O_2 + 2HF$

（東京理大）

17 次の反応のうち，酸化還元反応であるものはどれか。酸化還元反応であるものについては，それぞれの反応において酸化剤，還元剤として働いている化合物の化学式を書き，酸化還元反応でないものについては×を記入せよ。

(1) $SO_2 + H_2S \longrightarrow 2H_2O + 3S$

(2) $CuSO_4 + 2NaOH \longrightarrow Cu(OH)_2 + Na_2SO_4$

(3) $2KI + H_2O_2 + H_2SO_4 \longrightarrow I_2 + 2H_2O + K_2SO_4$

（横浜国大）

18 市販のオキシドール中の過酸化水素のモル濃度を，過マンガン酸カリウムを用いた滴定により求めたい。以下の(1)〜(3)に答えよ。

(1) 過酸化水素中の酸素の酸化数と，過マンガン酸カリウム中のマンガンの酸化数を，それぞれ記せ。

(2) 酸性水溶液中における過酸化水素と過マンガン酸カリウムの反応を，イオン反応式で示せ。

(3) 市販のオキシドールを10倍に希釈した水溶液をつくった。これを10.0 mLとり，6.00 mol/Lの硫酸10.0 mLと純水を加えて50.0 mLにした。この水溶液を0.020 mol/Lの過マンガン酸カリウム水溶液で滴定したところ，23.5 mLの過マンガン酸カリウム水溶液を要した。この市販のオキシドール中の過酸化水素のモル濃度を求め，有効数字3桁で答えよ。

（群馬大）

19 鉄板を以下の金属でめっきしたとして，それが傷ついて鉄が露出し，さらに水滴がついても鉄の腐食を防ぐ効果のあるものは，次のどれか。

ア アルミニウム　**イ** 銅　**ウ** ニッケル　**エ** 鉛　**オ** スズ

（自治医大）

20 次の **a** 〜 **d** の各水溶液を，白金電極を用いて 9.65×10^2 C で電気分解した。 発展

a ヨウ化カリウム水溶液　**b** 硝酸銀水溶液　**c** 水酸化ナトリウム水溶液

d 塩酸

(1) 電気分解で水素を発生する水溶液はどれか。

(2) 両極で発生する気体の物質量の総和が最も大きい水溶液はどれか。また，その物質量はどれだけか。

（神戸薬大）　⑦

執筆協力；目良　誠二

図版協力；甲斐　美奈子

シグマベスト

これでわかる基礎反復問題集
化学基礎

編　者　文英堂編集部

発行者　益井英郎

印刷所　NISSHA株式会社

発行所　株式会社　文英堂

〒601-8121　京都市南区上鳥羽大物町28
〒162-0832　東京都新宿区岩戸町17
(代表)03-3269-4231

●落丁・乱丁はおとりかえします。

Σ BEST
シグマベスト

高校　これでわかる
基礎反復問題集

化学基礎

正解答集

文英堂

1編 物質の構成

序章 化学と人間生活

基礎の基礎を固める！ の答

➡本冊 p.5

❶ 金
❷ 銀（❶❷は順不同）
❸ 銅
❹ 鉄
❺ アルミニウム
❻ ケイ砂
❼ 粘土（❻❼は順不同）
❽ 陶磁器
❾ 石油
❿ 酸化
⓫ 蓄積
⓬ 天然繊維
⓭ 合成繊維
⓮ 石油
⓯ 天然
⓰ 化学
⓱ 防腐
⓲ 酸化防止
⓳ 脱酸素
⓴ 乾燥
㉑ 水
㉒ 界面活性
㉓ 水酸化ナトリウム
㉔ 塩基
㉕ 中
㉖ 微生物
㉗ プランクトン

テストによく出る問題を解こう！ の答

➡本冊 p.6

1 ① イ，オ　② ウ　③ エ　④ ウ　⑤ ア

解き方 ① 化合力が弱く，安定な金や銀は，天然に金属として存在し，古くから利用された。

②，④ 化合力の強いアルミニウムは融解塩電解によってしか取り出せないため，多量の製錬が可能になったのは19世紀末である。

③ 人類が最初に製錬によって取り出したのは銅であり，青銅器時代での多量の銅は製錬によって取り出された。

⑤ 銅よりやや化合力の強い鉄は，銅より少し遅れて製錬によって取り出され，鉄器時代となる。

テスト対策 金属の利用

化合力の弱い順に利用。
① 金・銀は古くから利用⬅天然に存在
② 石器時代→青銅器時代→鉄器時代⬅製錬
③ アルミニウムは19世紀から利用⬅融解塩電解による製錬

2 エ

解き方 c より，金・銀の化合力が最も弱く，b より，アルミニウムの化合力が最も強い。
a より，銅と鉄では，鉄のほうが化合力が強い。

3 (1) イ，キ　(2) ア，カ　(3) ウ，オ　(4) エ，ク

解き方 セラミックスは，ガラス・セメント・陶磁器など。天然繊維は，絹・羊毛・木綿・麻など。ナイロンやポリエチレンテレフタラートなどは，プラスチックにも合成繊維にも用いられる。

4 (1) ウ　(2) イ

解き方 (1) ダイヤモンドは天然で産出し，成分は炭素であり，セラミックスではない。

(2) ナイロンは合成繊維であり，プラスチックでもある。

5 (1) カ　(2) ウ　(3) オ

解き方 (3) 食品添加物には，防腐剤，酸化防止剤，着色料などがある。

6 ① C　② A　③ B　④ B　⑤ A　⑥ C

解き方 ① 界面活性剤は，油などを水に混じらせる性質をもつ物質で，分子は親油性の基と親水性の部分をもつ。セッケンも合成洗剤も界面活性剤である。

②，④ セッケンの水溶液は塩基性で，絹や羊毛には不適。合成洗剤の水溶液は中性で，絹や羊毛に適している。

③ セッケンは硬水中の Ca^{2+} や Mg^{2+} によって沈殿するが，合成洗剤は沈殿しない。

⑤，⑥ セッケンは油脂，合成洗剤は石油を原料とするが，ともに NaOH 水溶液を作用させてナトリウム塩とする。

テスト対策 セッケンと合成洗剤

	セッケン	合成洗剤
水溶液	塩基性	中性
絹・羊毛	不適	適する
硬　水	沈殿する	沈殿しない
原　料	油脂	石油

7 エ

解き方 ともに酸化されにくく，微生物によって分解されないため，変化しにくく，安定している。このため，蓄積され，環境汚染の原因となる。

1章 物質の成分元素

基礎の基礎を固める！ の答
➡本冊 p.9

❶ 純物質　❷ 混合物
❸ ろ過　❹ 沸点
❺ 溶解度　❻ 抽出
❼ 昇華法　❽ 温度計
❾ 枝つきフラスコ　❿ 三脚
⓫ ガスバーナー　⓬ リービッヒ冷却器
⓭ アダプター　⓮ 突沸
⓯ 枝分かれ　⓰ 下
⓱ 上　⓲ 120
⓳ 白金　⓴ ナトリウム
㉑ 塩素　㉒ 同素体
㉓ 炭素

テストによく出る問題を解こう！ の答
➡本冊 p.10

8 (1) エ　(2) イ

解き方 ア　空気…窒素や酸素などの混合気体。
メタン…純物質。
イ　ガソリン…種々の炭化水素（炭素と水素の化合物）の液体混合物。
塩酸…塩化水素の水溶液で，混合物。
ウ　鉄…純物質。
土…種々のケイ酸塩や酸化物，水酸化物などの混合物。
エ　ドライアイス…二酸化炭素の固体で，純物質。
プロパン…純物質。
オ　海水…水に塩化ナトリウムや塩化マグネシウムなどが溶けたもので，混合物。
塩化ナトリウム…純物質。

9 ウ

解き方 ア　無色・透明で均一な液体は，純物質にも混合物にもある。
イ　密度が水より大きい純物質には，水銀や臭素などがある。
ウ　純物質は一定の沸点を示すが，混合物は，成分物質の混合割合によって沸点が変化する。たとえば，水の沸点は100℃で一定であるが，海水では，沸騰して水が減少するにつれて，溶けている塩化ナトリウムや塩化マグネシウムなどの濃度が大きくなり，沸点はだんだん高くなる。

テスト対策 純物質と混合物
- **純物質**…融点・沸点が**一定**。
- **混合物**…融点・沸点が**一定でない**。

10 (1) イ　(2) エ　(3) オ
(4) ア

解き方 (1) 海水を加熱し，生じた水蒸気を冷やして純水を得る。➡**蒸留**
(2) 油がエーテルに溶けやすいことを利用している。➡**抽出**
(3) 硝酸カリウムの溶解度は，高温では大きく，低温では小さい。高温の水に硝酸カリウムを溶けるだけ溶かし，冷却すると，硝酸カリウムが析出する。このとき，不純物は少量であるから，飽和に達せず，析出しない。➡**再結晶**
(4) ヨウ素は加熱によって直接気体になる（昇華という）。➡**昇華法**

11 ① エ　② ウ　③ ア

解き方 ①，② 水溶液はろ紙を通過するから，ろ紙上には何も残らない。
③ 食塩水を加熱すると，水は水蒸気となる。この水蒸気を冷却すると，純水が得られる。

12 単体…ア，ウ，カ，ク，ケ
化合物…イ，エ，オ，キ，コ

解き方 **単体**は1種類の元素からなり，**化合物**は2種類以上の元素からなる。化学式は次の通り。
ア　オゾン O_3　イ　エタノール C_2H_6O
ウ　カルシウム Ca　エ　氷 H_2O
オ　メタン CH_4　カ　アルゴン Ar
キ　塩化ナトリウム NaCl
ク　黄リン P_4　ケ　斜方硫黄 S_8
コ　ドライアイス CO_2

13 A…ウ　B…イ　C…エ　D…ア

解き方 実験1　A，D…炎色反応が**黄色**➡成分元素として**ナトリウム**を含む。
B，C…炎色反応が**赤紫色**➡成分元素として**カリウム**を含む。
実験2　A，B…発生した気体により**石灰水が白濁**➡発生した気体は**二酸化炭素**➡成分元素として炭素を含む。

テスト対策 元素の検出反応

- **炎色反応**…**黄色**➡ Na，**赤紫色**➡ K
- 酸を加えて発生した気体によって**石灰水が白濁**➡気体は**二酸化炭素**➡ C
- **硝酸銀水溶液**で**白色沈殿**を生成➡ Cl

14 (1) **単体** (2) **元素** (3) **単体**
(4) **単体** (5) **元素**

解き方 (1) 空気中に含まれる物質としての酸素である。
(2) アルコールの成分元素としての酸素である。
(3) 電気分解によって得られる物質としての酸素である。
(4) 酸素ボンベなどに含まれる気体物質としての酸素である。
(5) 地殻の成分元素としての酸素である。

テスト対策 元素と単体

- **元素**…物質を構成する**成分**。
- **単体**…1 種類の元素からなる**物質**。

15 (1) **イ** (2) **ウ**

解き方 (1) **ウ**は同位体（⇨本冊 *p.8*）について述べたものである。
(2) **ア** 鉛は Pb，黒鉛は C
イ ダイヤモンド C とケイ素 Si は周期表の同じ縦の列にある**同族元素**（⇨本冊 *p.20*）。
ウ 酸素は O_2，オゾンは O_3
エ 一酸化炭素 CO と二酸化炭素 CO_2 は，成分元素は同じだが，単体ではないので，同素体の関係ではない。
オ メタン CH_4 とエタン C_2H_6 は成分元素は同じだが，単体ではない。

テスト対策 同素体

同じ元素からなる単体で，性質が互いに異なるものを，**同素体**という。同素体をもつおもな元素は，S，C，O，P（**スコップ**）**の 4 種類**。

2章 粒子の熱運動と温度

基礎の基礎を固める！ の答 ➡本冊 *p.13*

❶ 固体 ❷ 液体
❸ 気体 ❹ 状態
❺ 融解 ❻ 凝固
❼ 融点 ❽ 融解熱
❾ 蒸発 ❿ 凝縮
⓫ 沸騰 ⓬ 沸点
⓭ 蒸発熱 ⓮ 物理変化
⓯ 化学変化 ⓰ 熱運動
⓱ 固体 ⓲ 液体
⓳ 気体 ⓴ 絶対零度
㉑ −273 ㉒ 絶対温度
㉓ 273

テストによく出る問題を解こう！ の答 ➡本冊 *p.14*

16 ① **イ** ② **カ** ③ **キ** ④ **ア**
⑤ **エ** ⑥ **ク** ⑦ **ウ**

解き方 固体（氷）は，融点（0℃）で融解して液体（水）に変化する。液体（水）は，沸点（100℃）で沸騰して気体（水蒸気）に変化する。

17 (1) t_1…**融点** t_2…**沸点**
(2) 固体…**アーイ** 液体…**ウーエ**
気体…**オーカ**
(3) 固体と液体…**イーウ**
液体と気体…**エーオ**
(4) 融解熱…**b−a** 蒸発熱…**d−c**

解き方 固体を加熱すると，固体の温度が上昇し（**アーイ**），融点（t_1）に達すると液体へと変化する。この間（**イーウ**）は**固体が液体に変化するために，固体が吸収するエネルギーが使われるから，温度は上昇しない。**このとき吸収するエネルギーが**融解熱**（**b − a**）である。また，**イーウ**間は固体と液体が共存する。
すべての固体が液体に変化すると液体の温度が上昇する（**ウーエ**）。沸点（t_2）に達すると沸騰し，気体へと変化する。この間（**エーオ**）は，**液体が気体に変化するために，液体が吸収するエネルギーが使われるから温度は上昇しない。**このとき吸収するエネルギーが**蒸発熱**（**d − c**）である。この間は液体と気体が共存する。すべての液体が気体に変化すると，気体の温度が上昇する(**オ－カ**)。

18 (1) **ア，ウ，エ**　(2) **イ，オ**

解き方　**ア**　水と砂糖が混合した状態で，状態の変化で物理変化である。

イ　水 H_2O が水素 H_2 と酸素 O_2 に変化し，物質の変化で，化学変化である。

ウ　水 H_2O が水蒸気 H_2O に変化し，状態の変化で物理変化である。

エ　液体状態の酸素 O_2 や窒素 N_2 から気体状態の酸素 O_2 や窒素 N_2 への変化。状態の変化で，物理変化である。

オ　水素 H_2 が燃えて水 H_2O に変化し，物質の変化で，化学変化である。

テスト対策　物理変化と化学変化

- **物理変化**…**状態の変化**➡化学式は**変化なし**。
- **化学変化**…**物質の変化**➡化学式は**変化あり**。

19 (1) **気体**　(2) **固体**　(3) **気体**
(4) **液体**　(5) **固体**

解き方　固体は，粒子が定まった位置で振動。粒子が規則正しく配列しているときは結晶。

液体は，粒子は互いに接しているが，移動することができる。

気体は，粒子が離れて高速で運動している。

20 **ウ**

解き方　**絶対零度**では，粒子の熱運動が停止する温度であるから，**最低の温度で，これ以下の温度はない。**絶対零度で気体があるとすれば，分子の熱運動が停止していることから，気体の体積は0となる。なお，実在の気体は，絶対零度になる前，液体さらに固体へと変化する。

21 (1) **273**　(2) **243**　(3) **473**
(4) **－253**　(5) **－173**　(6) **227**

解き方　(1)　T〔K〕$=t$〔℃〕$+273$　より，
$0+273=273$ K

(2)　$-30+273=243$ K

(3)　$200+273=473$ K

(4)　t〔℃〕$=T$〔K〕-273　より，
$20-273=-253$℃

(5)　$100-273=-173$ ℃

(6)　$500-273=227$ ℃

テスト対策　絶対零度・絶対温度

- **絶対零度**…**最低の温度**➡ **－273℃**
- **絶対温度 T〔K〕$=t$〔℃〕$+273$**

3章　原子の構造

基礎の基礎を固める！ の答　➡本冊 p.17

❶ 原子核　❷ 陽子
❸ 中性子　❹ 電子
❺ 陽子　❻ 中性子
❼ 中性子　❽ 電子
❾ 原子番号　❿ 質量数
⓫ 原子番号　⓬ 陽子
⓭ 中性子　⓮ 元素
⓯ 化学的　⓰ 原子核
⓱ 放射線
⓲・⓳・⓴ α，β，γ (順不同)
㉑ 電子　㉒ K
㉓ L　㉔ 8
㉕ 18　㉖ 最外
㉗ 結合　㉘ 18
㉙ 電子配置　㉚ 結合
㉛ 結合　㉜ 0
㉝ 2　㉞ 8
㉟ 1　㊱ 単原子

テストによく出る問題を解こう！ の答　➡本冊 p.18

22 (1) **9**　(2) **9**　(3) **10**

解き方　(1), (2)　**原子番号＝陽子の数＝電子の数**

(3)　**質量数＝陽子の数＋中性子の数**より，
$19=9+x$　∴ $x=10$

23 陽子の数，電子の数，中性子の数の順に，
(1) **6，6，7**　(2) **11，11，12**
(3) **25，25，30**

解き方　原子番号＝陽子の数＝電子の数である。また，質量数＝陽子の数(原子番号)＋中性子の数より，中性子の数＝質量数－原子番号

(1)　中性子の数は，$13-6=7$

(2)　中性子の数は，$23-11=12$

(3)　中性子の数は，$55-25=30$

24 ① **4**　② **4**　③ **4**　④ **5**
⑤ **9**　⑥ $^{37}_{17}Cl$　⑦ **17**
⑧ **17**　⑨ **37**　⑩ $^{56}_{26}Fe$
⑪ **26**　⑫ **26**　⑬ **30**

25 (1) ○　(2) ×　(3) ×
(4) ○　(5) ○

解き方 (1) 原子核は陽子と中性子からなり，正の電荷をもっている。また，電子の質量は，陽子や中性子の $\frac{1}{1840}$ であるから，原子の質量≒原子核の質量である。
(2) 元素の種類によって，原子番号（＝陽子の数）は決まっている。
(3) 原子核中の陽子の数と中性子の数は，等しい場合もあるが，異なる場合が多い。
(4) 天然に存在する水素原子の 99.985％を占める質量数 1 の水素原子は，中性子をもたない。
(5) 原子の質量の大小は，質量数で決まる。

テスト対策　陽子の質量と原子の質量

- **陽子の質量≒中性子の質量**
  ≒電子の質量 ×1840
- **原子の質量≒原子核の質量**

26 エ

解き方 原子番号が等しいもの，すなわち元素記号の左下の数が等しいものを選べばよい。

27 ウ，オ

解き方 **ア** 陽子と電子の数は同じであるが，中性子の数が異なる。また，同一の元素である。
イ 同一の元素なので，化学的性質がほぼ同じ。
エ 質量数は異なるが，化学的性質はほぼ同じ。
カ 中性子の数は異なるが，化学的性質はほぼ同じである。

28 ① **2**　② **4**　③ **0**　④ **0**
⑤ **2**　⑥ **8**　⑦ **0**　⑧ **0**
⑨ **2**　⑩ **8**　⑪ **3**　⑫ **0**
⑬ **2**　⑭ **8**　⑮ **8**　⑯ **1**

解き方 ①～⑫ 最大電子数は，K 殻が 2，L 殻が 8 である。
⑬～⑯ M 殻の最大電子数は 18 であるが，M 殻に電子が 8 個入り，Ar の電子配置になったところで，電子は N 殻に配置されるようになる。

テスト対策　電子配置

- **電子殻の最大電子数**
  - K 殻…**2**($2×1^2$)　・L 殻…**8**($2×2^2$)
  - M 殻…**18**($2×3^2$)　・N 殻…**32**($2×4^2$)
- **電子配置**
  - 原子番号 1 ～ 18…**内側の電子殻から**順に配置される。
  - 原子番号 19・20…**N 殻**に配置される。
    ← M 殻の電子数が **8 でいったん安定。**
  - 原子番号 21 ～ 29…**M 殻**に配置される。

29 (1)① **1**　② **7**
(2)① **6**　② **12**
(3)① **8**　② **0**

解き方 最大電子数は，K 殻が 2，L 殻が 8。
(1) ① 3－2＝1
② 17－(2+8)＝7
(2) ① 2＋4＝6
② 2＋8＋2＝12
(3) ① 10－2＝8
② 希ガスの価電子の数は 0 である。

テスト対策　価電子の数

- 希ガス以外
  価電子の数＝最外殻電子の数
- 希ガス
  価電子の数＝0

30 ウ

解き方 **ア** 希ガスは安定な電子配置をとるから，ほとんど化学反応を起こさない。
ウ 最外殻電子の数は，He は 2，その他の希ガスは 8 である。
エ He と Ne では最大電子数まで配置されているが，Ar 以降では最大電子数まで配置されていない電子殻がある。

テスト対策　希ガスの特徴

- ほとんど化学反応を起こさない。
- **価電子の数は 0。**
- 単体は**単原子分子**。
- 最外殻電子の数は，He が **2** で，その他は **8**。

4章 元素の周期表

基礎の基礎を固める！の答

➡本冊 *p.21*

❶ 周期律
❷ 原子番号
❸ 価電子
❹ 縦の列
❺ 18
❻ 横の行
❼ 7
❽ 2
❾ 18
❿ 原子番号
⓫ 増加
⓬ 1の位
⓭ 性質
⓮ 1
⓯ アルカリ金属
⓰ 7
⓱ ハロゲン
⓲ 3
⓳ 11
⓴ 内側
㉑ 増加
㉒ 1
㉓ 2（㉒㉓は順不同）
㉔ 単体
㉕ 陽
㉖ 陽
㉗ 単体
㉘ 陰
㉙ 陰
㉚ 左
㉛ 下（㉚㉛は順不同）
㉜ 右
㉝ 上（㉜㉝は順不同）
㉞ 非金属
㉟ 金属
㊱ 金属

テストによく出る問題を解こう！の答

➡本冊 *p.22*

31 (1) ○　(2) ×　(3) ○　(4) ×
(5) ×

解き方 (2) 元素を原子番号の順に並べると，周期的によく似た元素が現れる。元素の性質のこのような規則性を，**元素の周期律**という。
(4) 周期表の元素数は，第1周期，第2周期，第3周期の順に，2，8，8である。
(5) 価電子の数は，典型元素である1族，2族は順に1，2であるが，遷移元素である3族は1〜2である。

32 (1) イ　(2) ウ

解き方 (1) 典型元素は，同じ周期の元素の価電子の数は，18族を除いて，原子番号が増加するにつれて増加し，**価電子の数は，族番号の1の位の数に一致する。**
(2) 遷移元素は，すべて金属元素である。

テスト対策　典型元素と遷移元素

	典型元素	遷移元素
価電子の数	族番号の1の位に一致（18族は0）	1または2
元　素	金属元素と非金属元素	金属元素のみ

33 (1) 最大…**7**　最小…**0**
(2) 第2周期…**10**　第3周期…**18**
(3) **21**

解き方 (1) 最大は，17族（ハロゲン）の7，最小は18族（希ガス）の0。
(2) 元素数は，第1周期が2，第2周期が8，第3周期が8。希ガス（18族）の原子番号は，各周期の元素数の和となるから，次のようになる。
第2周期のNe；2＋8＝10
第3周期のAr；2＋8＋8＝18
(3) 原子番号の最も小さい遷移元素は，第4周期の3族であり，元素数は，第1周期が2，第2周期が8，第3周期が8であるから，原子番号は，2+8+8+3=21

テスト対策　周期の元素数と希ガスの原子番号

周期	1	2	3	4
元素数	2	8	8	18
希ガスの原子番号	2	2+8 =10	10+8 =18	18+18 =36

34 (1) A　(2) B　(3) A
(4) C　(5) C　(6) A
(7) B　(8) A　(9) B
(10) A

解き方 (1)，(2) **典型元素は1，2，12〜18族。遷移元素は3〜11族。**
(3) 第1周期〜第3周期に含まれる元素は，すべて典型元素である。
(4) 典型元素と遷移元素の両方が含まれる。
(5) 価電子が2個の元素は，2族元素，12族元素と，遷移元素の一部である。
(6) 価電子が4個の元素は，14族元素だけである。
(7) **遷移元素は，価電子の数が1または2で，**互いに性質が似ている。
(8) 同周期で，原子番号が増えると価電子の数も増えるのは典型元素である。遷移元素は，原子番号が増えても，電子が内側の電子殻に配置されるため，価電子の数はあまり変化しない。
(9)　遷移元素は，すべて金属元素である。
(10)　非金属元素は，すべて典型元素である。

35 (1)① ア，イ，ウ，オ，カ，キ
② エ　③ イ，ウ，オ
④ ア，カ，キ　(2)① b　② c

解き方　(1)①　典型元素は1・2族と12～18族の元素。
②　遷移元素は3～11族の元素。
③　典型元素の金属は，1・2族（水素を除く）と周期表の12～18族の左下部分。
④　典型元素の非金属は水素と周期表の12～18族の右上部分。
(2)①　陽性は，周期表の左側・下側の元素ほど強いから，1族の最下の元素。
②　陰性は，18族を除く，周期表の右側・上側の元素ほど強いから，17族の最上の元素。

テスト対策　陽性・陰性と周期表

- 陽性…周期表の左側・下側の元素ほど強い。
➡ 1族の最下が最大。
- 陰性…18族を除く，周期表の右側・上側の元素ほど強い。➡ 17族の最上が最大。

36 (1)① f　② o　③ a　④ m
⑤ i　(2) ウ

解き方　(1)①　第1周期の元素数が2より，原子番号8の価電子（最外殻電子）の数は，
$8-2=6$　よって，第2周期の16族の元素。
②　元素数が，第1周期が2，第2周期が8より，原子番号17の価電子（最外殻電子）の数は，
$17-(2+8)=7$　よって，第3周期の17族の元素。
③，④　価電子（最外殻電子）の電子殻は，第1周期の元素がK殻，第2周期の元素がL殻，第3周期の元素がM殻である。よって，③のL殻に価電子1個は，第2周期の1族のa。④のM殻に価電子5個は，第3周期の15族のm。
⑤　陽性は，周期表の左側・下側の元素ほど強いから，1族の下側にあるi。
(2)　第1周期から第3周期までの元素には，金属元素も非金属元素もあるが，すべて典型元素である。

テスト対策　周期と価電子の電子殻

- 価電子（最外殻電子）の電子殻
  - 第1周期…K殻　・第2周期…L殻
  - 第3周期…M殻　・第4周期…N殻

  ➡第1周期～第3周期は典型元素のみ

5章 イオン結合とイオン結晶

基礎の基礎を固める！ の答　➡本冊 p.26

❶ 陽イオン　❷ 陰イオン
❸ 価数　❹ －
❺ ＋　❻ 希ガス（貴ガス）
❼ ネオン　❽ 電子
❾ 陽イオン　❿ 小さ
⓫ 左　⓬ 下（⓫⓬は順不同）
⓭ 電子　⓮ 陰イオン
⓯ 大き　⓰ 右
⓱ 静電気的な引力（クーロン力）
⓲ 金属　⓳ 非金属（⓲⓳は順不同）
⓴ 陽イオン　㉑ 陰イオン（⓴㉑は順不同）
㉒ イオン　㉓ 結晶（固体）
㉔ 融解　㉕ 原子
㉖ イオン（㉕㉖は順不同）　㉗ 数
㉘ 価数　㉙ 数（㉘㉙は順不同）
㉚ 価数　㉛ 数（㉚㉛は順不同）

テストによく出る問題を解こう！ の答　➡本冊 p.27

37 (1) 0　(2) 10　(3) 10
(4) 18　(5) 23

解き方　陽イオン…原子番号－価数
陰イオン…原子番号＋価数
(1)　$1-1=0$
(2)　$8+2=10$
(3)　$12-2=10$
(4)　$17+1=18$
(5)　$26-3=23$

テスト対策　イオン中の電子の数

- 陽イオン…原子番号－価数
- 陰イオン…原子番号＋価数

38 (1) **ア**　(2) **2**　(3) **イ**
(4) **10**　(5) **カ**　(6) **10**

解き方　元素数が第1周期が2，第2周期が8より，価電子の数は，原子番号 −2　または　原子番号 −(2+8) となる。イオンの電子数は，次の関係より求める。

陽イオンの電子数＝原子番号−価数
陰イオンの電子数＝原子番号＋価数

(1)　1価の陽イオンになりやすい原子は，価電子が1個の原子で，3(原子番号)−2＝1　より，原子番号3の Li。
(2)　陽イオンの電子数は，3−1＝2
(3)　2価の陰イオンになりやすい原子は，価電子が6個の原子で，8(原子番号)−2＝6　より，原子番号8の O。
(4)　陰イオンの電子数は，8＋2＝10
(5)　3価の陽イオンになりやすい原子は，価電子が3個の原子で，13(原子番号)−(2+8)＝3 より，原子番号13の Al。
(6)　陽イオンの電子数は，13−3＝10

テスト対策　価電子の数と原子番号

{価電子の数＝原子番号−希ガスの原子番号
希ガスの原子番号＝周期の元素数の和
よって，多くの場合，次で導く。
● **価電子の数＝原子番号−2**　または，
原子番号−(2+8)

39 (1) **26**　(2) **26**　(3) **30**

解き方　(1)　原子では，原子番号＝陽子の数＝電子の数　である。陽イオンの電子数＝原子番号−価数　より，原子番号は，23＋3＝26
(2)　陽子の数＝電子の数 ＝26
(3)　質量数＝陽子の数＋中性子の数　より，中性子の数は，56−26＝30

40 (1) He　(2) Ne　(3) Ne
(4) Ar　(5) Ar

解き方　各イオンの中の電子の数をもとに考える。
(1)　3−1＝2 ➡ He と同じ電子配置
(2)　9＋1＝10 ➡ Ne と同じ電子配置
(3)　13−3＝10 ➡ Ne と同じ電子配置
(4)　16＋2＝18 ➡ Ar と同じ電子配置
(5)　20−2＝18 ➡ Ar と同じ電子配置

テスト対策　イオンの電子配置

典型元素の安定なイオンは，**希ガスと同じ電子配置**をとる。

41 (1) **13**　(2) **10**　(3) **ネオン Ne**

解き方　(1)　電子がK殻に2個，L殻に8個から，電子の数　2＋8＋3＝13
よって，原子番号は13。
(2)　3個の価電子を放出して3価の陽イオンになる。よって，電子の数は，13−3＝10
(3)　原子番号10の元素はネオン Ne である。

42 **ウ，カ**

解き方　イオンの電子配置は次のようである。
ア　Cl^-＝Ar，Li^+＝He
イ　O^{2-}，F^-＝Ne
ウ　Ca^{2+}，K^+，Cl^-＝Ar
エ　Na^+＝Ne，Li^+＝He，K^+＝Ar
オ　Li^+＝He，F^-，Al^{3+}＝Ne
カ　O^{2-}，Na^+，Al^{3+}＝Ne

テスト対策　それぞれのイオンの電子配置

● Li^+＝He
● O^{2-}，F^-，Na^+，Mg^{2+}，Al^{3+}＝Ne
● S^{2-}，Cl^-，K^+，Ca^{2+}＝Ar

43 **イ，オ，カ**

解き方　**イオン結合からなる物質の多くは，金属元素と非金属元素の化合物であるから**，NaCl(**イ**)，CaO(**オ**)が，まずあてはまる。
〔例外〕　NH_4Cl は非金属元素からなる化合物であるが，NH_4^+ と Cl^- のイオン結合からなる。

テスト対策　イオン結合と元素

● **イオン結合…金属元素と非金属元素**の原子間の結合
〔例外〕NH_4Cl ➡ NH_4^+ と Cl^- のイオン結合

44 (1) Na　(2) F

解き方　(1)　**イオン化エネルギーは，元素の周期表の左側・下側の元素ほど小さい**。よって，最も小さい原子は第3周期の1族の Na である。
(2)　**電子親和力は，元素の周期表の18族を除く，右側の元素ほど大きい**。よって，問題文中の原子のうち，最も大きい原子は17族の F である。

テスト対策 **イオン化エネルギー・電子親和力**

- **イオン化エネルギー**…元素の周期表の**左側・下側の元素ほど小さい。**
  ➡**小さいほど陽イオンになりやすい。**
- **電子親和力**…元素の周期表の**18族を除く，右側の元素ほど大きい。**
  ➡**大きいほど陰イオンになりやすい。**

45 (1) c　(2) g　(3) e

解き方 (1) イオン化エネルギーが最小の元素。
(2) 17族の元素で，イオン化エネルギーが18族（希ガス）に次いで2番目に大きい元素。
(3) イオン化エネルギーが最大の元素。

46 ウ

解き方 **ア** イオン結合の引力が強いので，融点は比較的高い。
イ～エ イオン結晶は，水溶液にしたり，加熱融解して，イオンが移動できるようにすると，電気を通すが，結晶状態では電気を通さない。
オ たとえばAgClは，水に溶けないイオン結晶。

テスト対策 **イオン結晶の性質**

- **イオン結晶**…**結晶状態では電気を通さないが，加熱融解すると電気を通す。**
  ➡**水溶液も電気を通す。**
  （水に溶けないイオン結晶に注意）

47 (1) KCl　(2) $CaBr_2$　(3) MgO
(4) Na_2SO_4　(5) $BaCO_3$
(6) $Al_2(SO_4)_3$　(7) $Fe(OH)_3$
(8) $Ca_3(PO_4)_2$

解き方 陽イオンの価数×陽イオンの数
＝陰イオンの価数×陰イオンの数

テスト対策 **イオン結晶の組成式**

- M^{m+}とX^{n-}からなるイオン結晶➡ M_nX_m

48 (1)① Li　② F　③ Al　④ Ca
⑤ S　(2)① He　② K　(3) Cl

解き方 (1)① $Li \longrightarrow Li^+ + e^-$，$Li^+$＝He
② $F + e^- \longrightarrow F^-$，$F^-$＝Ne
③ $Al \longrightarrow Al^{3+} + 3e^-$，$Al^{3+}$＝Ne
④ $Ca \longrightarrow Ca^{2+} + 2e^-$，$Ca^{2+}$＝Ar
⑤ $S + 2e^- \longrightarrow S^{2-}$，$S^{2-}$＝Ar
(2) イオン化エネルギーは，周期表の右側・上側ほど大きく，左側・下側ほど小さい。
よって，最も大きいのは18族のHe，最も小さいのは1族のK。
(3) 電子親和力は，18族を除く，右側ほど大きい。よって，最も大きいのは17族のCl。

6章 共有結合とその結晶

基礎の基礎を固める！の答 ➡本冊 p.32

❶ 原子	❷ 価電子
❸ 希ガス（貴ガス）	❹ 非金属
❺ 分子	❻ 電子式
❼ 共有電子対	❽ 非共有電子対
❾ 不対電子	❿ 配位結合
⓫ 構造式	⓬ 単結合
⓭ 二重結合	⓮ 原子価
⓯ 不対	⓰ 折れ線
⓱ NH_3	⓲ 正四面体
⓳ 分子	⓴ 低
㉑ もろ	㉒ 共有結合の結晶
㉓ 高	㉔ 電気
㉕ 黒鉛	㉖ 高分子
㉗ 天然高分子	㉘ 合成高分子
㉙ 単量体（モノマー）	㉚ 重合体（ポリマー）

テストによく出る問題を解こう！の答 ➡本冊 p.33

49 ウ，エ，カ，ケ

解き方 共有結合は，非金属元素の原子間の結合であるから，非金属元素からなる物質を選ぶ。

テスト対策 **共有結合と元素**

- **共有結合**➡**非金属元素**の原子間の結合。

50 エ

解き方 **ウ** 分子中の各原子は，希ガスと同じ電子配置になっている。
- H ➡ Heと同じ電子配置
- O，C ➡ Neと同じ電子配置
- Cl ➡ Arと同じ電子配置

エ HClは共有結合からなる物質だが，水に溶けるとH^+とCl^-が生じる。

51 エ

解き方 共有結合は，非金属元素の原子間の結合である。

- ア CCl_4…共有結合，$CaCl_2$…イオン結合
- イ CaO…イオン結合，CO…共有結合
- ウ I_2…共有結合，KI…イオン結合
- オ NH_4Cl…イオン結合と共有結合
  HCl…共有結合

52 (1) イ (2) エ

解き方 (1) 分子の電子式で，元素記号のまわりにかく電子の記号「・」の数は，Hは2個，その他の元素は8個である。イでは，O原子のまわりに6個しかない。

(2) 分子の構造式で，各元素の原子の価標の数はHは1，Oは2，Nは3，Cは4である。エでは，-OHが結合したC原子の価標の数が3しかない。

テスト対策　電子式と構造式

- **電子式**…元素記号のまわりの電子「・」の数
  ➡ Hは2個，その他の元素は8個。
- **構造式**…各元素の原子の価標の数
  ➡ Hは1，Oは2，Nは3，Cは4

53

(1) H・ + ・H ⟶ H:H
(2) :N・ + ・N: ⟶ :N⋮⋮N:
(3) H・ + ・Cl: ⟶ H:Cl:
(4) H・ + ・O・ + ・H ⟶ H:O:H
(5) :O・ + ・C・ + ・O: ⟶ :O::C::O:

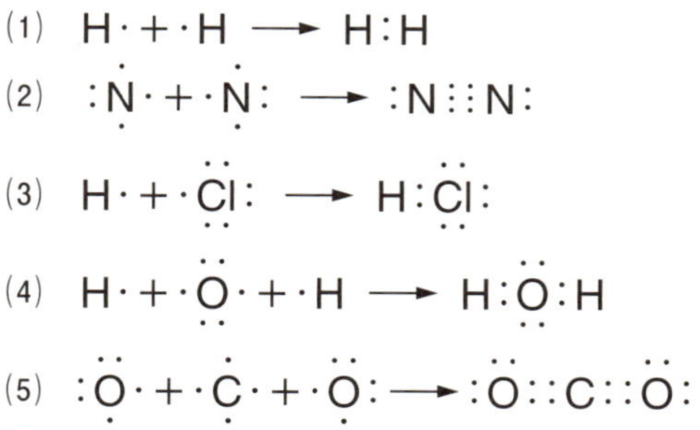

解き方 共有結合では，2つの原子の不対電子が互いに共有し合って共有電子対となる。

54

① H_2 ② H:H
③ H-H ④ H_2O
⑤ H:O:H ⑥ H-O-H
⑦ CO_2 ⑧ :O::C::O:
⑨ O=C=O ⑩ NH_3
⑪ H:N:H (H下) ⑫ H-N-H (H下)

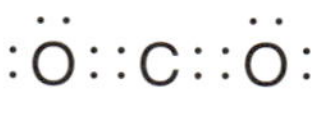

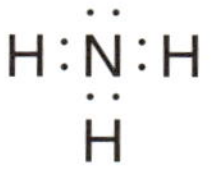

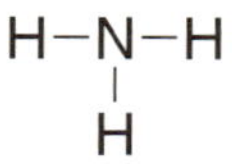

解き方 共有結合では，価電子のうちの不対電子が原子間で共有され，共有電子対になっている。電子式では，H原子のまわりの電子の数が2，そのほかの原子のまわりの電子の数が8となるようにする。また，構造式では，1組の共有電子対を1本の線（価標）で表す。H原子からは1本，O原子からは2本，N原子からは3本，C原子からは4本の価標が出ていればよい。非共有電子対は価標で表さない。

55

(1) ウ，カ，キ　(2) イ，エ
(3) カ　(4) イ　(5) キ

解き方 電子式は次の通り。

ア :Cl:Cl:　イ :N::N:　ウ H:C:H (H上下)
エ H:S:H　オ H:N:H (H下)
カ H:C::C:H (H下左右)　キ [H:N:H (H上下)]⁺

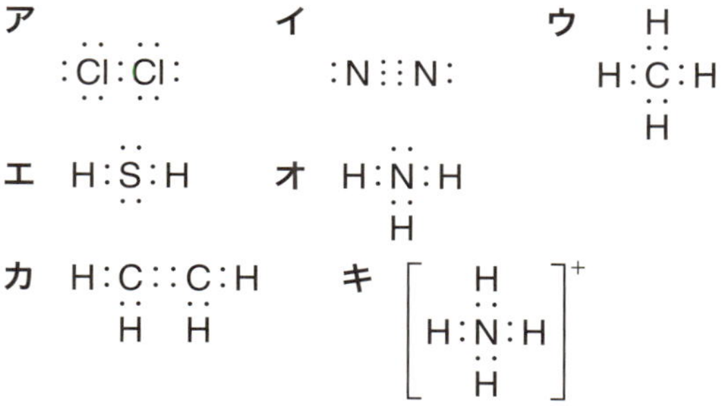

なお，キのアンモニウムイオンでは，N原子がもつ非共有電子対にH⁺が**配位結合**している。

56

(1) ウ，オ　(2) ア，ク
(3) エ，キ　(4) イ，カ

解き方 (1) 直線形は単体の N_2 と，CO_2。
(2) 折れ線形は，16族のOとSの水素化合物で H_2O と H_2S。
(3) 三角錐形は，15族のNとPの水素化合物で NH_3 と PH_3。
(4) 正四面体形は，価電子4個のCと原子価が1であるH，Clとの化合物で CH_4，CCl_4。

テスト対策　分子の形

- **直線形**➡ CO_2　●**折れ線形**➡ H_2O，H_2S
- **三角錐形**➡ NH_3，PH_3
- **正四面体形**➡ CH_4，CCl_4，SiH_4

57 ウ

解き方 分子結晶となるHFやHClなどは水に溶けると電離してイオンとなる。
HF ⟶ H⁺ + F⁻　　HCl ⟶ H⁺ + Cl⁻

58

(1) B　(2) C　(3) C　(4) B
(5) A　(6) A　(7) C

解き方 ダイヤモンドと黒鉛は，ともに炭素からなる単体で，互いに同素体である。どちらも共有結合の結晶であり，融点は非常に高い。

ダイヤモンドは，無色透明で，非常に硬く，電気を通さない。黒鉛は，黒色不透明でやわらかく，電気をよく通す。

テスト対策 ダイヤモンドと黒鉛

- 共通点…炭素からなる単体。**共有結合の結晶で融点は非常に高い**。

	ダイヤモンド	黒　鉛
色	無色透明	黒色不透明
硬さ	非常に硬い	やわらかい
電気	通さない	よく通す

59 (1) キ　(2) イ

解き方　分子結晶…ドライアイス CO_2，ヨウ素 I_2，グルコース $C_6H_{12}O_6$
共有結合の結晶…石英 SiO_2，ケイ素 Si，ダイヤモンド C，黒鉛 C

60 (1) ○　(2) ×　(3) ○　(4) ○　(5) ×

解き方　(2) スクロースの分子式は $C_{12}H_{22}O_{11}$ で，分子量が 1 万以下なので高分子化合物ではない。
(5) ポリエチレンテレフタラートの単量体は，エチレングリコールとテレフタル酸である。

7章 分子の極性と分子間力

基礎の基礎を固める！の答　➡本冊 p.37

❶ 共有電子対　❷ 右
❸ 上(❷❸は順不同)　❹ フッ素
❺ 共有電子対　❻ 極性
❼ 極性分子　❽ 無極性分子
❾ 電気陰性度　❿ 無極性
⓫ 電気陰性度　⓬ 極性
⓭ 形　⓮ 無極性
⓯ 分子間力　⓰ ファンデルワールス力
⓱ 分子間力　⓲ 高
⓳ 水素結合　⓴ H_2O
㉑ 分子間力　㉒ イオン
㉓ 共有(㉒㉓は順不同)
㉔ 水素　㉕ 分子量

テストによく出る問題を解こう！の答　➡本冊 p.38

61 (1) ウ　(2) ウ

解き方　(1) **電気陰性度は，周期表**(18 族を除く)**の右側・上側の元素ほど大きい**傾向がある。窒素 N とリン P は 15 族，硫黄 S と酸素 O は 16 族。
(2) すべてハロゲン化水素である。ハロゲンのうち，電気陰性度が最も大きいのはフッ素 F なので，HF の結合の極性が最も大きい。

テスト対策 電気陰性度と元素の周期表

- **電気陰性度➡18 族を除く，周期表の右側・上側の元素ほど大きい。**

62 (1) ウ　(2) イ

解き方　**電気陰性度の差が大きいほど，原子間の極性が大きい。**電気陰性度の差は次の通り。

ア　$3.5-2.5=1.0$　　イ　$3.0-3.0=0$
ウ　$4.0-2.1=1.9$　　エ　$3.0-2.1=0.9$

63 (1) オ　(2) イ

解き方　各分子の形や極性は次の通り。

- H_2，N_2，Cl_2…単体なので，無極性分子。
- CO_2…直線形で，無極性分子。
- CCl_4，CH_4…正四面体形で，無極性分子。
- NH_3…三角錐形で，極性分子。
- H_2S，H_2O…折れ線形で，極性分子。
- HCl，HI，HF…二原子分子の化合物なので，極性分子。

64 イ，オ，カ

解き方　ア　すべてハロゲンの単体である。沸点は分子量の順に一致する。
イ　すべてハロゲン化水素である。**HF は分子間に水素結合を形成するため，沸点が異常に高い。**
ウ　すべて炭化水素である。沸点は分子量の順に一致する。
エ　すべて 14 族元素の水素化合物である。沸点は分子量の順に一致する。
オ　すべて 15 族元素の水素化合物である。**NH_3 は分子間に水素結合を形成するため，沸点が異常に高い。**
カ　すべて 16 族元素の水素化合物である。**H_2O は分子間に水素結合を形成するため，沸点が異常に高い。**

65 ⑴ コ　⑵ ア，ク　⑶ イ，キ
⑷ オ　⑸ ウ，ケ　⑹ エ，カ

解き方 ⑴，⑵ 二原子分子は直線形であり，単体は無極性分子，化合物は極性分子である。多原子分子で直線形の無極性分子は CO_2。
⑶，⑷ 正四面体形は CH_4 や CCl_4 など，C 原子に同じ元素の原子が4個結合した分子であり，四面体形は，CH_3Cl のように，C 原子に異なる元素の原子が4個結合した分子である。
⑸，⑹ 折れ線形は O や S の 16 族元素，三角錐形は N や P の 15 族元素の水素化合物である。

66 ① ク　② カ　③ ア　④ イ
⑤ シ　⑥ エ　⑦ カ　⑧ ア
⑨ イ　⑩ コ　⑪ ウ　⑫ ア
⑬ キ　⑭ ク

解き方 H_2O と CH_4 は，分子量があまり違わないが，常温で H_2O は液体で CH_4 は気体である。この違いは，H_2O は折れ線形であるから極性分子であるが，CH_4 は正四面体形であるから無極性分子であること，また，O の電気陰性度が大きいことから，分子間に水素結合が形成され，沸点が異常に高くなったことによる。

67 ⑴① ウ　② イ　③ ウ
⑵① ウ　② ア　③ イ

解き方 ⑴ CH_4 と CCl_4 の分子の形は正四面体形であり，無極性分子である。これに対して，CH_3Cl の分子の形は，四面体形であるが，正四面体形ではないので，極性分子である。CH_4 は分子量が最も小さく，無極性分子であることから沸点が最も低い。
⑵ この3つの化合物は16族の元素である酸素 O，硫黄 S，セレン Se の水素化合物で，周期表の第2周期にある酸素 O の原子番号が最も小さく，第4周期にあるセレン Se の原子番号が最も大きいから，陽子の数の和および分子量は $H_2O < H_2S < H_2Se$ である。沸点は，H_2O は水素結合を形成することから最も高い。H_2S と H_2Se では分子量が H_2S のほうが小さいことから，沸点は H_2S のほうが低い。よって沸点の最も低いのは H_2S である。

8章 金属，結晶のまとめ

基礎の基礎を固める！の答 ➡本冊 p.41

❶ 自由電子　❷ 金属結合
❸ 自由電子　❹ 金属光沢
❺ 電気　❻ 展性
❼ 延性（❻❼は順不同）　❽ 合金
❾ 体心立方格子
❿ 面心立方格子（❾❿は順不同）
⓫ 体心立方格子　⓬ 配位数
⓭ 面心立方格子　⓮ 六方最密構造
⓯ 充填率　⓰ 面心立方格子
⓱ 分子結晶　⓲ 共有結合の結晶
⓳ イオン結晶　⓴ イオン
㉑ 金属結晶　㉒ 共有結合の結晶
㉓ 黒鉛　㉔ イオン結晶
㉕ 分子結晶

テストによく出る問題を解こう！の答 ➡本冊 p.42

68 イ，エ

解き方 ア 水銀 Hg は常温で液体である。
イ 金属結合は自由電子による結合であり，電気をよく通す。
ウ 鉄やナトリウムにも金属光沢があるが，空気中では表面が酸化され，光沢が失われる。
エ 金属の単体は針金のように細くのびたり（延性），箔のようにうすく広がったり（展性）する。

テスト対策 金属結合と金属の性質

- **金属結合➡自由電子による結合**
- 金属の3つの特性
  ①**金属光沢**あり
  ②**熱・電気をよく導く**
  ③**展性・延性**に富む
  ➡いずれも**自由電子による**

69 オ

解き方 体心立方格子は，配位数が8，単位格子中の原子の数が2，充填率が68％である。
面心立方格子と六方最密構造は，ともに配位数が12，充填率が74％であるが，単位格子中の原子の数は，面心立方格子が4，六方最密構造が2である。

テスト対策　体心立方格子と面心立方格子

	体心立方格子	面心立方格子
配位数	8	12
単位格子中の原子数	2	4

70 (1) **面心立方格子**　(2) **4 個**
(3) **6.4×10^{-23} cm^3**　(4) **5.8×10^{-22} g**

解き方　(2) 立方体の頂点にある原子は 8 個の単位格子にまたがっているから，原子 $\frac{1}{8}$ 個分として計算する。
また，面の中心にある原子は 2 個の単位格子にまたがっているから，原子 $\frac{1}{2}$ 個分として計算する。

$$\frac{1}{8}\times8+\frac{1}{2}\times6=4 \text{ 個}$$

(3) $(4.0\times10^{-8})^3=6.4\times10^{-23}$ cm^3
(4) $9.0\times6.4\times10^{-23}=5.76\times10^{-22}$ g

71 (1) **エ**　(2) **ア**　(3) **イ**
(4) **カ**　(5) **ウ**　(6) **オ**

解き方　(1)〜(4) 非金属元素からなる物質には，分子結晶をつくるものと共有結合の結晶をつくるものがある。共有結合の結晶をつくるものは，単体では C と Si，化合物では SiO_2 と SiC である。
(5) 金属結晶をつくるのは，金属元素からなる物質である。
(6) イオン結晶をつくるのは，金属元素と非金属元素からなる物質である。

テスト対策　結晶の種類と成分元素

- イオン結晶➡金属元素と非金属元素
  〔例外〕NH_4Cl
- 分子結晶➡非金属元素
- 共有結合の結晶➡ C，Si，SiO_2，SiC の 4 つ
- 金属結晶➡金属元素

72 (1) **ア**　(2) **イ**　(3) **ウ**
(4) **ア**

解き方　(1) イオン結晶は硬いがもろく，強くたたくと割れることが多い。また，融点が高い。
(2) 分子からなる物質の結晶は，イオン結晶に比べると融点が低い。
(3) 金属結晶の特性は次の 3 つ。
- 熱や電気の伝導性が大きい。
- 金属光沢がある。
- 延性・展性に富む。

(4) イオン結晶は，結晶の状態では電気を通さないが，融解したり水に溶かしたりすると，電気を通す。

テスト対策　結晶の種類とその特性

- イオン結晶➡結晶は電気を通さないが，加熱融解すると電気を通す。
- 分子結晶➡融点が低く，もろい。
- 共有結合の結晶➡融点が非常に高い。
- 金属結晶➡電気をよく通し，**展性・延性**あり。

73 (1) **キ**　(2) **オ**　(3) **イ**
(4) **ウ**

解き方　**ア**　鉛は金属結晶，黒鉛は共有結合の結晶である。
イ　ダイヤモンドも石英 SiO_2 も共有結合の結晶。
ウ　ナトリウムも鉄も金属結晶。
エ　バリウムは金属結晶，ヘリウムは分子からなる物質の結晶。
オ　ドライアイス CO_2 もナフタレン $C_{10}H_8$ も分子からなる物質の結晶。
カ　スクロース $C_{12}H_{22}O_{11}$ は分子からなる物質の結晶，塩化ナトリウムはイオン結晶。
キ　塩化カリウム KCl も酸化アルミニウム Al_2O_3 もイオン結晶。

74 (1) 物質…**c**　性質…**エ**
(2) 物質…**d**　性質…**ア**
(3) 物質…**a**　性質…**イ**
(4) 物質…**b**　性質…**ウ**

解き方　(1) イオン結晶をつくるのは金属元素と非金属元素の化合物である。イオン結晶は，結晶の状態では電気を通さないが，融解したり水溶液にしたりすると，イオンが移動できるようになり，電気を通す。
(2) 分子結晶は非金属元素からなる。分子結晶では，結合力の弱い分子間力によって分子どうしが結びついているため，融点が低く，もろい。
(3) 共有結合の結晶をつくるのは，C，Si，SiO_2，SiC である。共有結合の結晶では，原子が共有

結合によって強力に結びついており，それが連続して結晶となっている。そのため，融点が非常に高く，硬い。
(4) 金属結晶は金属元素からなる。金属結晶中には自由電子が存在するため，電気をよく通し，展性・延性に富む。

入試問題にチャレンジ！ の答 →本冊 p.44

1 (1) オ　(2) イ　(3) エ

解き方 (1) ア　ろ過は，液体中の混じっている固体などをろ紙で分離する操作。
イ　蒸留は，液体を含む混合物を加熱沸騰させて，生じる蒸気を冷却させ液体として分離する操作。
ウ　抽出は，混合物に有機溶媒などを加えて，その溶媒に溶ける物質を分離する操作。
エ　再結晶は，溶解度の差を利用して分離する操作。
オ　分散は，液体などの1つの相に他の物質が微粒子となって散在する現象で，分離操作ではない。
(2) 黄銅は銅と亜鉛，青銅は銅とスズからなる合金である。黄リンと赤リン，斜方硫黄と単斜硫黄はいずれも代表的な同素体である。
(3) 2価の陽イオンになりやすい原子は，2個の価電子をもつ。元素数が第1周期が2，第2周期が8から，希ガスの原子番号が2，2+8=10。2もしくは10との差が2であるものを選ぶ。
12−10=2　より，原子番号12である。

2 オ

解き方 単体は，1種類の元素からなる物質であり，これに対して元素は，物質を構成する基本的な成分であり，物質ではない。
A　人間の体を構成している化合物などの成分としての酸素のことで，元素である。
B　金という物質が延性が大きい。金という物質のことで，単体である。
C　酸素の気体を吸入することから，酸素という物質のことで，単体である。
D　カリウムと水との反応であり，カリウムという物質のことで，単体である。
E　ダイヤモンドやフラーレンの成分が炭素であることで，元素である。

テスト対策　元素と単体

- **元素**→物質を構成している**成分**。
- **単体**→1種類の元素からなる**物質**。

3 ③，④

解き方 ① 陽子と中性子の質量はほぼ等しいが，電子の質量はこれらの約 $\frac{1}{1840}$ できわめて軽い。よって，誤り。
② 炭素Cの6個の電子は，K殻に2個，L殻に4個である。よって，誤り。
③ 希ガスの価電子の数は0。よって，正しい。
④ ナトリウムイオン Na^+ とフッ化物イオン F^- の電子配置は，どちらもNeの電子配置と同じである。よって，正しい。
⑤ 塩化物イオン Cl^- の電子配置はArと同じであり，アルミニウムイオン Al^{3+} の電子配置はNeと同じである。よって，誤り。

4 (1) ③　(2) ②

解き方 (1) ① N≡N　② F−F
③ H−C(H)(H)−H　④ H−S−H　⑤ O=O
上記より，価標の数は，①のNが3，②のFが1，③のCが4，④のSが2，⑤のOが2。よって，メタンのCの価標が4で，最も多い。
(2) 二重結合をもつ分子は，CO_2 と C_2H_4 であり，CO_2 は直線形，C_2H_4 は平面形である。
CO_2 (二酸化炭素) ➡ O=C=O
C_2H_4 (エチレン) ➡ H₂C=CH₂

5 (1) a H:Cl:　b H:O:H
c :N::N:
d :O::C::O:　e H:N:H (H)
(2) B < A < D < C
(3) a…Al　b…Ca　c…Br

解き方 (1) 価電子の記号「・」を，Hには2個，他の原子には8個つける。共有電子対が，N_2 では3つ重なり，CO_2 では2つ重なる。

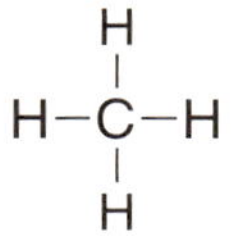

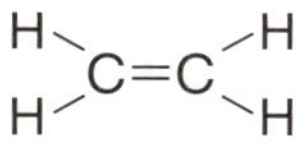

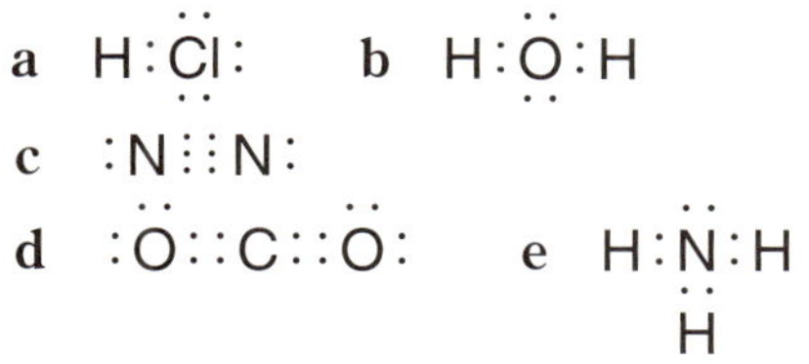

6 (1) 2.7×10^{-23} g (2) 3.0×10^{-23} g

解き方 (1) 原子量は O=16.0 であるから，

$$\frac{16.0}{6.0\times10^{23}}=2.66\cdots\times10^{-23}$$
$$\fallingdotseq 2.7\times10^{-23}\ \text{g}$$

(2) 分子量は H_2O=18.0 であるから，

$$\frac{18.0}{6.0\times10^{23}}=3.0\times10^{-23}\ \text{g}$$

7 (1) 1.5×10^{23} 個 (2) 8.0 g (3) 44

解き方 (1) 分子の数を x〔個〕とすると，

$6.0\times10^{23}:x=22.4:5.6$

∴ $x=1.5\times10^{23}$ 個

(2) 質量を y〔g〕とすると，分子量は O_2=32.0 であるから，

$32.0:y=22.4:5.6$

∴ $y=8.0$ g

(3) 分子量を z とすると，

$z:11.0=22.4:5.6$

∴ $z=44$

テスト対策 標準状態における気体の体積

標準状態における 1 mol の気体の体積は，気体の種類に関係なく **22.4L** である。

8 (1) 20% (2) 0.50 mol/L

解き方 (1) $\dfrac{25}{100+25}\times100=20$ %

(2) 式量は NaOH=40 より，

$$\frac{4.0}{40.0}\times\frac{1000}{200}=0.50\ \text{mol/L}$$

9 (1) 100 mL (2) 7.0 g

解き方 (1) 求める 30.0％のアンモニア水の体積を x〔mL〕とすると，

$$450\times\frac{6.0}{100}=x\times0.90\times\frac{30.0}{100}$$

∴ $x=100$ mL

(2) 求める塩化ナトリウムの質量を y〔g〕とすると，式量が NaCl=58.5 であるから，

$$0.40\times\frac{300}{1000}=\frac{y}{58.5}$$

∴ $y=7.02\fallingdotseq7.0$ g

10 (1) 6.0 mol/L (2) 20%

解き方 (1) 求めるモル濃度を c〔mol/L〕とすると，

$$c=1000\times1.1\times\frac{20}{100}\times\frac{1}{36.5}$$
$$=6.02\cdots\fallingdotseq6.0\ \text{mol/L}$$

(2) $6.0=1000\times1.2\times\dfrac{x}{100}\times\dfrac{1}{40}$

∴ $x=20$%

テスト対策 溶液の濃度の換算

質量パーセント濃度 $\boldsymbol{x}$〔%〕，モル濃度 $\boldsymbol{c}$〔mol/L〕，溶液の密度 $\boldsymbol{d}$〔g/cm^3〕，溶質のモル質量を $\boldsymbol{M}$〔g/mol〕とすると，

$$\boldsymbol{c=1000\times d\times\frac{x}{100}\times\frac{1}{M}}$$

$1000\times d$：溶液 1 L の質量
$1000\times d\times\frac{x}{100}$：溶液 1 L 中の溶質の質量
$1000\times d\times\frac{x}{100}\times\frac{1}{M}$：溶液 1 L 中の溶質の物質量

2章 化学反応式

基礎の基礎を固める！ の答 ➡本冊 p.51

❶ 化学	❷ 左辺
❸ 右辺	❹ 矢印
❺ 数	❻ 係数
❼ イオン反応式	❽ 電荷
❾ 物質量	❿ nM
⓫ 22.4 n	⓬ 3
⓭ 2	⓮ 3
⓯ 2	⓰ 28.0
⓱ 2.0	⓲ 17.0
⓳ 6.0	⓴ 34
㉑ 22.4	㉒ 67.2
㉓ 44.8	㉔ 6.0
㉕ 34	㉖ 比例
㉗ 3	㉘ 2
㉙ 6	㉚ 4

テストによく出る問題を解こう！ の答

➡本冊 p.52

11 (1) $Zn + 2HCl \longrightarrow ZnCl_2 + H_2$
(2) $4Al + 3O_2 \longrightarrow 2Al_2O_3$
(3) $2Na + 2H_2O \longrightarrow 2NaOH + H_2$
(4) $C_2H_4 + 3O_2 \longrightarrow 2CO_2 + 2H_2O$

解き方 左辺と右辺の各元素の原子数が等しくなるように，化学式の前に係数をつける(ただし，1は省略)。

12 (1) $P_4 + 5O_2 \longrightarrow P_4O_{10}$
(2) $2H_2O_2 \longrightarrow 2H_2O + O_2$

解き方 (2) 酸化マンガン(Ⅳ)は触媒である。触媒は，反応速度を大きくする物質で反応前後で変化しないので，化学反応式には書かない。

13 (1) $Ag^+ + Cl^- \longrightarrow AgCl$
(2) $Ba^{2+} + SO_4^{2-} \longrightarrow BaSO_4$
(3) $Fe^{3+} + 3OH^- \longrightarrow Fe(OH)_3$

解き方 イオン反応式では，両辺の各元素の原子数を等しくすると，電荷の和も等しくなる反応式がほとんどである。化学反応式は次の通り。
(1) $AgNO_3 + NaCl \longrightarrow AgCl\downarrow + NaNO_3$
(2) $BaCl_2 + H_2SO_4 \longrightarrow BaSO_4\downarrow + 2HCl$
(3) $FeCl_3 + 3NaOH \longrightarrow Fe(OH)_3\downarrow + 3NaCl$

14 (1) HCl…**3 mol**，H_2…**1.5 mol**
(2) HCl…**110 g**，H_2…**34 L**

解き方 (1) 化学反応式の「係数比＝物質量比」の関係より，反応するHClを x〔mol〕，発生する H_2 を y〔mol〕とすると，
$2 : 6 : 3 = 1\ \text{mol} : x : y$
$\therefore\ x = 3\ \text{mol}\quad y = 1.5\ \text{mol}$
(2) 「係数比＝物質量比」の関係より，
$Al : HCl : H_2 = 2\ \text{mol} : 6\ \text{mol} : 3\ \text{mol}$
反応するHClを x〔g〕，発生する H_2 を標準状態で y〔L〕とすると，
Al 2 molの質量は，27 g×2
HCl 6 molの質量は，36.5 g×6
H_2 3 molの標準状態での体積は22.4 L×3より，
$Al : HCl : H_2$
$= 27\ \text{g}\times 2 : 36.5\ \text{g}\times 6 : 22.4\ \text{L}\times 3$
$= 27 : x : y$
$\therefore\ x = 109.5 \fallingdotseq 110\ \text{g}\quad y = 33.6 \fallingdotseq 34\ \text{L}$

〔別解〕Al 27 gは1 molの質量であるから，(1)の物質量より，
HCl 3 molの質量 $= 36.5\ \text{g}\times 3 = 109.5 \fallingdotseq 110\ \text{g}$
H_2 1.5 molの標準状態の体積
$= 22.4\ \text{L}\times 1.5 = 33.6 \fallingdotseq 34\ \text{L}$

テスト対策 化学反応式と量的関係

- **係数比＝物質量比**
- **n〔mol〕** → **質量＝nM〔g〕**（M；分子量・式量）
  → **気体の体積（標準状態）＝22.4 n〔L〕**

15 (1) $C_3H_8 + 5O_2 \longrightarrow 3CO_2 + 4H_2O$
(2) **17 L**　(3) **18 g**

解き方 (2) **係数比＝物質量比＝気体の体積比(同温・同圧)**より，二酸化炭素の体積を x〔L〕とすると，
$C_3H_8 : CO_2 = 1 : 3 = 5.6\ \text{L} : x$
$\therefore\ x = 16.8 \fallingdotseq 17\ \text{L}$
(3) 標準状態で5.6 Lの物質量は，
$$\frac{5.6\ \text{L}}{22.4\ \text{L/mol}} = 0.25\ \text{mol}$$
H_2O の物質量を y〔mol〕とすると，**係数比＝物質量比**より，
$C_3H_8 : H_2O = 1 : 4 = 0.25\ \text{mol} : y$〔mol〕
$\therefore\ y = 1.0\ \text{mol}$
H_2O の質量は，分子量が H_2O=18より，
$18\ \text{g/mol}\times 1.0\ \text{mol} = 18\ \text{g}$
〔別解〕(3) $C_3H_8 : H_2O = 1\ \text{mol} : 4\ \text{mol}$
$= 22.4\ \text{L} : 18\ \text{g}\times 4$
$= 5.6 : y' \quad \therefore\ y' = 18\ \text{g}$

テスト対策 化学反応式と気体の体積

- **係数比＝物質量比**
  ＝同温・同圧の気体の体積比

16 (1) 酸素…**0.15 mol**
酸化アルミニウム…**10 g**
(2) 二酸化炭素…**6.6 g**　水…**3.6 g**
(3) **57 g**

解き方 (1) $4Al + 3O_2 \longrightarrow 2Al_2O_3$
原子量が Al=27.0であるから，反応したAlの物質量は，
$$\frac{5.4}{27.0} = 0.20\ \text{mol}$$

よって，反応する O_2 の物質量は，

$$0.20\times\frac{3}{4}=0.15\ \text{mol}$$

また，式量が Al_2O_3=102.0 であるから，生成する Al_2O_3 の質量は，

$$102.0\times0.20\times\frac{2}{4}=10.2\fallingdotseq10\ \text{g}$$

(2) $C_3H_8+5O_2 \longrightarrow 3CO_2+4H_2O$

分子量が C_3H_8=44.0 であるから，反応した C_3H_8 の物質量は，

$$\frac{2.2}{44.0}=0.050\ \text{mol}$$

分子量が CO_2=44.0 であるから，生成する CO_2 の質量は，

$44.0\times0.050\times3=6.6$ g

また，分子量が H_2O=18.0 であるから，生成する H_2O の質量は，

$18.0\times0.050\times4=3.6$ g

(3) $HCl + AgNO_3 \longrightarrow AgCl\downarrow + HNO_3$

反応した HCl の物質量は，

$$2.0\times\frac{200}{1000}=0.40\ \text{mol}$$

式量が AgCl=143.5 であるから，生成した AgCl の質量は，

$143.5\times0.40=57.4\fallingdotseq57$ g

17 (1) 水素…**90 L**　アンモニア…**60 L**
(2) **6.0L**

解き方 (1) $N_2 + 3H_2 \longrightarrow 2NH_3$

同温・同圧の気体の体積は物質量に比例するから，係数比 = 気体の体積(同温・同圧)比

よって，体積比は，

$N_2 : H_2 : NH_3 = 1 : 3 : 2$

反応した H_2 の体積は，

$30\times3=90$ L

生成した NH_3 の体積は，

$30\times2=60$ L

(2)

	$2CO$	+ O_2	$\longrightarrow$ $2CO_2$
反応前	4.0 L	4.0 L	
反応	4.0 L	2.0 L	4.0 L
反応後		2.0 L	4.0 L

よって，反応後の体積は，

$2.0+4.0=6.0$ L

18 (1) **2.2 L**　(2) **100 mL**

解き方 $CaCO_3 + 2HCl \longrightarrow CaCl_2 + CO_2\uparrow + H_2O$

(1) 式量は $CaCO_3$=100 であるから，$CaCO_3$ 10 g の物質量は，

$$\frac{10}{100}=0.10\ \text{mol}$$

よって，発生する CO_2 の体積は，

$22.4\times0.10=2.24\fallingdotseq2.2$ L

(2) 求める塩酸の体積を x〔mL〕とすると，

$$2.0\times\frac{x}{1000}=0.10\times2$$

$\therefore\ x=100$ mL

3章 酸と塩基

基礎の基礎を固める！の答 ➡本冊 p.55

❶ H^+	❷ OH^-
❸ 与え	❹ 受け取
❺ H^+	❻ すっぱ
❼ 青	❽ 赤
❾ OH^-	❿ 赤
⓫ 青	⓬ H^+
⓭ OH^-	⓮ 電離した電解質
⓯ 溶かした電解質	⓰ 1
⓱ 強酸	⓲ 弱酸
⓳ 強塩基	⓴ 弱塩基
㉑ OH^-	㉒ 水のイオン積
㉓ 1.0×10^{-14}	㉔ a
㉕ 大き	㉖ 7
㉗ 大き	㉘ 小さ
㉙ 大き	

テストによく出る問題を解こう！の答 ➡本冊 p.56

19 (1) **塩基**　(2) **酸**　(3) **塩基**
(4) **酸**

解き方 H^+ を与える物質が酸，H^+ を受け取る物質が塩基である。

(1) H_2O は H^+ を受け取り，H_3O^+ になっている。

(2) H_2O は H^+ を与え，OH^- になっている。

(3) $CO_3{}^{2-}$ は H^+ を受け取り，$HCO_3{}^-$ になっている。

(4) HS^- は H^+ を与え，S^{2-} になっている。

テスト対策　ブレンステッド・ローリーの酸・塩基

- **酸**…H^+ **を与える**物質。
- **塩基**…H^+ **を受け取る**物質。

20　(1)　**A**　(2)　**B**　(3)　**B**
(4)　**A**　(5)　**A**

解き方　酸の性質は H^+ によるもので，すっぱい味がし，青色リトマス紙を赤色にし，マグネシウムや亜鉛などの金属と反応して水素を発生させる。また，塩基の性質は OH^- によるもので，手につけるとぬるぬるしていて，赤色リトマス紙を青色にする。

21　(1)　×　(2)　○　(3)　×
(4)　×　(5)　○

解き方　(1)　水や有機化合物など，酸ではない水素化合物は多数ある。
(3)　HCl や H_2S は酸素の化合物ではないが，酸である。
(4)　1価の酸である HCl や HNO_3 は強酸であり，2価の酸である H_2S や H_2CO_3 は弱酸である。

22　(1)　$HCl \longrightarrow H^+ + Cl^-$
(2)　$CH_3COOH \rightleftarrows CH_3COO^- + H^+$
(3)　$H_2SO_4 \longrightarrow H^+ + HSO_4^-$
　　$HSO_4^- \rightleftarrows H^+ + SO_4^{2-}$
(4)　$H_3PO_4 \rightleftarrows H^+ + H_2PO_4^-$
　　$H_2PO_4^- \rightleftarrows H^+ + HPO_4^{2-}$
　　$HPO_4^{2-} \rightleftarrows H^+ + PO_4^{3-}$
(5)　$NH_3 + H_2O \rightleftarrows NH_4^+ + OH^-$
(6)　$Ca(OH)_2 \longrightarrow Ca^{2+} + 2OH^-$

解き方　(1)　**H^+ は水溶液中では H_3O^+ として存在するが**，上記のように H^+ と略記するのが一般的である。
$HCl + H_2O \longrightarrow H_3O^+ + Cl^-$
(2)　弱酸のように**電離度が小さい場合は，反応式の左右を⇄で結ぶ。**
(3)，(4)　**2価以上の酸は，多段階に分かれて電離する。**第2段以降の電離度は，第1段の電離度よりかなり小さい。
(5)　NH_3 は，H_2O と反応して OH^- を生じる。
(6)　$Ca(OH)_2$ は2価の強塩基である。

23　(1)　**オ，サ**　(2)　**ス**　(3)　**コ，シ**
(4)　**イ**　(5)　**ア**　(6)　**ク，セ**
(7)　**エ，ソ**　(8)　**カ，タ**　(9)　**ウ**
(10)　**キ，ケ**

テスト対策　おもな強酸・強塩基

- **強酸**…HCl，H_2SO_4，HNO_3
- **強塩基**…NaOH，KOH，$Ba(OH)_2$，$Ca(OH)_2$

24　$[H^+]$，$[OH^-]$，pH の順に，
(1)　**0.1 mol/L，1×10^{-13} mol/L，1**
(2)　**1×10^{-13} mol/L，0.1 mol/L，13**
(3)　**1×10^{-3} mol/L，1×10^{-11} mol/L，3**
(4)　**1×10^{-11} mol/L，1×10^{-3} mol/L，11**

解き方　(1)　塩酸の電離度は1であるから，
$[H^+]=0.1=10^{-1}$ mol/L
よって，pH = 1
$[H^+][OH^-]=1\times10^{-14}\ mol^2/L^2$ より，
$$[OH^-]=\frac{1\times10^{-14}}{0.1}=1\times10^{-13}\ mol/L$$
(2)　水酸化ナトリウム水溶液の電離度は1であるから，
$[OH^-]=0.1=10^{-1}$ mol/L
$[H^+][OH^-]=1\times10^{-14}\ mol^2/L^2$ より，
$$[H^+]=\frac{1\times10^{-14}}{0.1}=1\times10^{-13}\ mol/L$$
よって，pH = 13
(3)　酢酸水溶液の電離度は 0.01 であるから，
$[H^+]=0.1\times0.01=1\times10^{-3}$ mol/L
よって，pH = 3
$[H^+][OH^-]=1\times10^{-14}\ mol^2/L^2$ より，
$$[OH^-]=\frac{1\times10^{-14}}{1\times10^{-3}}=1\times10^{-11}\ mol/L$$
(4)　アンモニア水の電離度は 0.01 であるから，
$[OH^-]=0.1\times0.01=1\times10^{-3}$ mol/L
$[H^+][OH^-]=1\times10^{-14}\ mol^2/L^2$ より，
$$[H^+]=\frac{1\times10^{-14}}{1\times10^{-3}}=1\times10^{-11}\ mol/L$$
よって，pH = 11

テスト対策　1価の酸・塩基と$[H^+]$・$[OH^-]$

- $[H^+]$ = **酸のモル濃度×電離度**
- $[OH^-]$ = **塩基のモル濃度×電離度**

※強酸・強塩基の電離度は1とする。

25 (1) **100倍**　(2) **0.01**　(3) **10**
(4) **0.05 mol/L**　(5) **7**

解き方　(1) pH = 1 ➡ $[H^+] = 1\times10^{-1}$ mol/L
pH = 3 ➡ $[H^+] = 1\times10^{-3}$ mol/L
よって，$\dfrac{1\times10^{-1}}{1\times10^{-3}} = 100$ 倍

(2) pH = 3 ➡ $[H^+] = 1\times10^{-3}$ mol/L
酢酸の電離度を α とすると，
$[H^+] = 1\times10^{-3} = 0.1\times\alpha$　∴　$\alpha = 0.01$

(3) pH = 12 ➡ $[H^+] = 1\times10^{-12}$ mol/L
$[H^+][OH^-] = 1\times10^{-14}$ mol²/L² より，
$[OH^-] = \dfrac{1\times10^{-14}}{1\times10^{-12}} = 1\times10^{-2}$ mol/L
これを100倍に薄めるから，
$[OH^-] = \dfrac{1\times10^{-2}}{100} = 1\times10^{-4}$ mol/L より，
$[H^+] = \dfrac{1\times10^{-14}}{1\times10^{-4}} = 1\times10^{-10}$ mol/L
よって，pH = 10

(4) pH = 13 ➡ $[H^+] = 1\times10^{-13}$ mol/L
$[H^+][OH^-] = 1\times10^{-14}$ mol²/L² より，
$[OH^-] = \dfrac{1\times10^{-14}}{1\times10^{-13}} = 1\times10^{-1} = 0.1$ mol/L
$Ca(OH)_2$ 水溶液の濃度を x〔mol/L〕とすると，
$Ca(OH)_2$ は2価の強塩基だから，
$[OH^-] = 2x = 0.1$　∴　$x = 0.05$ mol/L

(5) pH = 6 ➡ $[H^+] = 1\times10^{-6}$ mol/L
塩酸の電離によって生じる H^+ の濃度は，
$[H^+] = \dfrac{1\times10^{-6}}{1000} = 1\times10^{-9}$ mol/L
水の電離によって生じる H^+ の濃度は，
$[H^+] = 1\times10^{-7}$ mol/L
合計すると，
$[H^+] = 1\times10^{-7} + 1\times10^{-9} \fallingdotseq 1\times10^{-7}$ mol/L
よって，pH ≒ 7
なお，酸性溶液はどんなにうすめてもpHが7より大きくなる（塩基性溶液になる）ことはない。
〔別解〕水の電離によって生じる H^+ の濃度を x〔mol/L〕とすると，うすめた水溶液中の，H^+，OH^- の濃度は，
$[H^+] = x + 1\times10^{-9}$〔mol/L〕
$[OH^-] = x$〔mol/L〕
$[H^+][OH^-] = 1\times10^{-14}$ mol²/L² より，
$(x + 1\times10^{-9})\times x = 1\times10^{-14}$
∴　$x \fallingdotseq 1\times10^{-7}$ mol/L
$[H^+] = 1\times10^{-7} + 1\times10^{-9} \fallingdotseq 1\times10^{-7}$ mol/L
ゆえに，pH ≒ 7

4章 中和反応と塩の性質

基礎の基礎を固める！ の答

➡本冊 *p.59*

❶ 中和反応　❷ 塩
❸ OH^-　❹ H^+
❺ OH^-　❻ $a\times c$
❼ $b\times c'$　❽ 中和滴定
❾ メスフラスコ　❿ ホールピペット
⓫ ビュレット
⓬ 滴定曲線（中和滴定曲線）
⓭ フェノールフタレイン
⓮ メチルオレンジ（⓭⓮は順不同）
⓯ 酸　⓰ メチルオレンジ
⓱ 塩基
⓲ フェノールフタレイン
⓳ 正塩　⓴ 酸性塩
㉑ 塩基性塩　㉒ ほぼ中
㉓ 酸　㉔ 塩基
㉕ 酸性

テストによく出る問題を解こう！ の答

➡本冊 *p.60*

26 (1) $HCl + KOH \longrightarrow KCl + H_2O$
(2) $H_2SO_4 + 2NaOH \longrightarrow Na_2SO_4 + 2H_2O$
(3) $Ca(OH)_2 + 2HNO_3 \longrightarrow Ca(NO_3)_2 + 2H_2O$
(4) $2NH_3 + H_2SO_4 \longrightarrow (NH_4)_2SO_4$
(5) $2CH_3COOH + Ba(OH)_2 \longrightarrow (CH_3COO)_2Ba + 2H_2O$

27 (1) **10 mL**　(2) **40 mL**
(3) **3.7 g**　(4) **50 mL**
(5) **122 mL**

解き方　(1) 必要な水酸化ナトリウム水溶液の体積を x〔mL〕とすると，
$0.10\times\dfrac{20.0}{1000} = 0.20\times\dfrac{x}{1000}$
∴　$x = 10$ mL

(2)　必要な水酸化カリウム水溶液の体積を x〔mL〕とすると，硫酸は 2 価の酸であるから，

$$0.20\times\frac{30.0}{1000}\times2=0.30\times\frac{x}{1000}$$

$\therefore\ x=40\ \text{mL}$

(3)　必要な水酸化カルシウムの質量を x〔g〕とすると，水酸化カルシウムは 2 価の塩基であるから，式量は $Ca(OH)_2=74.0$ より，

$$2.0\times\frac{50.0}{1000}=\frac{x}{74.0}\times2$$

$\therefore\ x=3.7\ \text{g}$

(4)　必要な水酸化ナトリウム水溶液の体積を x〔mL〕とすると，硫酸は 2 価の酸であるから，式量は $NaOH=40.0$ より，

$$1.0\times\frac{100.0}{1000}\times2=\frac{4.0}{40.0}+2.0\times\frac{x}{1000}$$

$\therefore\ x=50\ \text{mL}$

(5)　必要な水酸化ナトリウム水溶液の体積を x〔mL〕とすると，硫酸は 2 価の酸であるから，分子量は $H_2SO_4=98.0$ より，

$$1.20\times100\times\frac{30.0}{100}\times\frac{1}{98.0}\times2=6.00\times\frac{x}{1000}$$

$\therefore\ x=122.4\cdots\fallingdotseq122\ \text{mL}$

テスト対策　中和の量的関係

- **酸の H^+ の物質量 ＝ 塩基の OH^- の物質量**
- $\boldsymbol{c}$〔mol/L〕の $\boldsymbol{n}$ 価の酸（塩基）$\boldsymbol{v}$〔mL〕中の $H^+(OH^-)$ の物質量 ➡ $\dfrac{\boldsymbol{ncv}}{\boldsymbol{1000}}$〔mol〕
- 分子量（式量）が $\boldsymbol{M}$ で $\boldsymbol{n}$ 価の酸（塩基）$\boldsymbol{w}$〔g〕中の $H^+(OH^-)$ の物質量 ➡ $\dfrac{\boldsymbol{nw}}{\boldsymbol{M}}$〔mol〕

28　(1)　0.40 g　　(2)　100 mL

解き方　(1)　塩酸の物質量は，

$$0.30\times\frac{100}{1000}=0.030\ \text{mol}$$

固体の水酸化ナトリウム 0.80 g の物質量は，式量が $NaOH=40.0$ より，

$$\frac{0.80\ \text{g}}{40.0\ \text{g/mol}}=0.020\ \text{mol}$$

求める固体の水酸化ナトリウムを x〔g〕とすると，式量が $NaOH=40.0$ より，

$$0.030=0.020+\frac{x}{40.0}$$

$\therefore\ x=0.40\ \text{g}$

(2)　求める 0.10 mol/L の水酸化ナトリウム水溶液を y〔mL〕とすると，

$$0.030=0.020+0.10\times\frac{y}{1000}$$

$\therefore\ y=100\ \text{mL}$

29　0.80 mol/L

解き方　求める硫酸の濃度を x〔mol/L〕とすると，硫酸は 2 価の酸であるから，

$$\left(x\times\frac{20}{1000}+0.20\times\frac{20}{1000}\right)\times2=1.0\times\frac{40}{1000}$$

$\therefore\ x=0.80\ \text{mol/L}$

30　(1)　90 mL　　(2)　14 mL

解き方　水溶液 **A** 中の H^+ の物質量は，硫酸は 2 価の酸より，

$$0.10\times\frac{60.0}{1000}+2\times0.12\times\frac{50.0}{1000}=0.018\ \text{mol}$$

(1)　求める水酸化カルシウム水溶液を x〔mL〕とすると，水酸化カルシウムは 2 価の塩基より，

$$0.018=2\times0.10\times\frac{x}{1000}$$

$\therefore\ x=90\ \text{mL}$

(2)　求める水酸化ナトリウム水溶液を y〔mL〕とすると，式量が $NaOH=40.0$ より，

$$0.018=y\times1.0\times\frac{5.0}{100}\times\frac{1}{40.0}$$

$\therefore\ y=14.4\fallingdotseq14\ \text{mL}$

31　(1) A…メスフラスコ　B…ホールピペット　C…ビュレット　(2)　A　(3)　フェノールフタレイン　(4)　1.3 g　(5)　0.25 mol/L

解き方　(1) **A**…正確に 100 mL などの溶液をつくる際にはメスフラスコを用いる。

B…正確に 10 mL などの溶液をとる際にはホールピペットを用いる。

C…滴下した溶液の体積を測る際にはビュレットを用いる。

(2) メスフラスコは，試料液を加えた後に標線まで蒸留水を加えるため，内壁が蒸留水でぬれた状態で使用してもかまわない。

(3) 弱酸と強塩基の中和滴定であるから，変色域が塩基性であるフェノールフタレインである。

(4) 式量は，$(COOH)_2 \cdot 2H_2O = 126.0$ より，

$$0.10 \times \frac{100}{1000} \times 126.0 = 1.26 \fallingdotseq 1.3\,\mathrm{g}$$

(5) 水酸化ナトリウム水溶液の濃度を y〔mol/L〕とすると，シュウ酸は2価の酸より，

$$2 \times 0.10 \times \frac{10.0}{1000} = y \times \frac{8.0}{1000}$$

$\therefore\ y = 0.25\,\mathrm{mol/L}$

32 (1) イ (2) ウ

解き方 (1) 中和の滴定曲線が，塩基性側に偏っていて，中和点が塩基性側にあることから，弱酸の水溶液と強塩基の水溶液の中和反応である。したがって，酢酸水溶液と水酸化ナトリウム水溶液である。

(2) 中和点が塩基性側にあるから，変色域が塩基性であるフェノールフタレインである。

テスト対策 中和の滴定曲線と指示薬

- 中和の滴定曲線
  - **強酸**と**強塩基**➡酸性側にも塩基性側にも広がる。➡中和点の **pH ≒ 7**。
  - **強酸**と弱塩基➡**酸性側**に偏る。➡中和点が**酸性**。
  - 弱酸と**強塩基**➡**塩基性側**に偏る。➡中和点が**塩基性**。
- 中和の指示薬
  - **強酸**と**強塩基**➡フェノールフタレイン・メチルオレンジのどちらでもよい。
  - **強酸**と弱塩基➡**メチルオレンジ**
  - 弱酸と**強塩基**➡**フェノールフタレイン**

33 (1) ア (2) ウ

解き方 (1) アンモニア水は弱塩基の水溶液，塩酸が強酸の水溶液であるから，中和の滴定曲線は酸性側に偏る。よって，**ア**である。

(2) 滴定曲線は酸性側に偏り，中和点が酸性側にあるから，使用できるのは変色域が酸性であるメチルオレンジである。

34 0.080 mol/L

解き方 pH = 2 ➡ $[H^+] = 0.010\,\mathrm{mol/L}$

水酸化ナトリウム水溶液の濃度を x〔mol/L〕とすると，

$$\left(0.10 \times \frac{50}{1000} - x \times \frac{50}{1000}\right) \times \frac{1000}{50+50} = 0.010$$

$\therefore\ x = 0.080\,\mathrm{mol/L}$

35 (1) 0.10 mol/L (2) 1 (3) 7 (4) D

解き方 (1) 滴定曲線より，中和点は 25.0 mL であるから，求める水酸化ナトリウム水溶液の濃度を x〔mol/L〕とすると，

$$0.10 \times \frac{25.0}{1000} = x \times \frac{25.0}{1000} \quad \therefore\ x = 0.10\,\mathrm{mol/L}$$

(2) **A** 点では，溶液は 0.10 mol/L の塩酸であるから，$[H^+] = 0.10\,\mathrm{mol/L}$

よって，pH = 1

(3) 強酸と強塩基の中和であるから，中和点での pH は 7。

(4) フェノールフタレインの変色域は，中和点である **C** 点より塩基性側にある。

36 ① イ，オ，キ ② ア，ウ，ク ③ エ，カ

解き方 **正塩**…酸の H も塩基の OH も残っていない塩。

酸性塩…酸の H が残っている塩。

塩基性塩…塩基の OH が残っている塩。

NH_4Cl の H は酸の H ではない。

37 (1) B (2) C (3) A (4) A (5) B (6) C

解き方 (1) CH_3COOH は弱酸，NaOH は強塩基。➡塩基性

(2) HCl は強酸，$Ca(OH)_2$ は強塩基。➡ほぼ中性

(3) HCl は強酸，NH_3 は弱塩基。➡酸性

(4) H_2SO_4 は強酸，$Cu(OH)_2$ は弱塩基。➡酸性

(5) H_2CO_3 は弱酸，NaOH は強塩基。➡塩基性

(6) HNO_3 は強酸，KOH は強塩基。➡ほぼ中性

テスト対策 正塩の水溶液

- **強酸** ＋ **強塩基**➡**ほぼ中性**
- **強酸** ＋ 弱塩基➡**酸性**
- 弱酸 ＋ **強塩基**➡**塩基性**

38 イ, エ, ア, ウ

解き方 ア H_2SO_4(強酸)と NaOH(強塩基)からなる正塩。➡ほぼ中性

イ H_2CO_3(弱酸)と NaOH(強塩基)からなる正塩。➡塩基性

ウ H_2SO_4(強酸)と NaOH(強塩基)からなる酸性塩。➡酸性

エ H_2CO_3(弱酸)と NaOH(強塩基)からなる酸性塩。➡弱塩基性

テスト対策 酸性塩の水溶液

- **強酸 + 強塩基➡酸性**
- 弱酸 + **強塩基➡弱塩基性**

5章 酸化還元反応

基礎の基礎を固める! の答

➡本冊 *p.65*

① 失った
② 失った
③ 化合した
④ 失った
⑤ 受け取った
⑥ 増加した
⑦ 減少した
⑧ 0
⑨ 0
⑩ 価数
⑪ −1
⑫ +1
⑬ −2
⑭ 0
⑮ +4
⑯ 価数
⑰ +6
⑱ −1
⑲ −1
⑳ 酸化数
㉑ 減少
㉒ 酸化
㉓ 還元
㉔ 還元
㉕ 酸化
㉖ 電子(e^-)

テストによく出る問題を解こう! の答

➡本冊 *p.66*

39 (1) 化合　(2) $2e^-$, 電子
(3) 0, 増加

解き方 (2) CuO はイオン結晶で, Cu^{2+} と O^{2-} からなる。

(3) 単体の Cu の酸化数は 0, Cu^{2+} の酸化数は +2 である。

「酸素 O が化合した」「電子を失った」「酸化数が増加した」いずれも「酸化された」という。

40 (1) 0　(2) −2　(3) −3
(4) −1　(5) +4　(6) +2
(7) +3　(8) +6　(9) +5
(10) +7　(11) +6　(12) +4
(13) +3　(14) +2　(15) −1
(16) −1

解き方 (1) 単体であるから 0。

(2) S の酸化数を x とすると,
$(+1)\times2+x=0 \quad \therefore \quad x=-2$

(3) $x+(+1)\times3=0 \quad \therefore \quad x=-3$

(4) $(+1)+x=0 \quad \therefore \quad x=-1$

(5) $x+(-2)\times2=0 \quad \therefore \quad x=+4$

(6) $x+(-2+1)\times2=0 \quad \therefore \quad x=+2$

(7) $x\times2+(-2)\times3=0 \quad \therefore \quad x=+3$

(8) $(+1)\times2+x+(-2)\times4=0$
$\therefore \quad x=+6$

(9) $(+1)+x+(-2)\times3=0$
$\therefore \quad x=+5$

(10) $(+1)+x+(-2)\times4=0$
$\therefore \quad x=+7$

(11) $(+1)\times2+x\times2+(-2)\times7=0$
$\therefore \quad x=+6$

(12) $x+(-1)\times4=0 \quad \therefore \quad x=+4$

(13) H_2SO_4 より SO_4 の酸化数は −2。
$x\times2+(-2)\times3=0 \quad \therefore \quad x=+3$

(14) HNO_3 より NO_3 の酸化数は −1。
$x+(-1)\times2=0 \quad \therefore \quad x=+2$

(15) H の酸化数 +1 より,
$(+1)\times2+x\times2=0 \quad \therefore \quad x=-1$

(16) Na の酸化数 +1 より,
$(+1)+x=0 \quad \therefore \quad x=-1$

テスト対策 単体・化合物の酸化数の求め方

- 単体の原子の酸化数➡ **0**
- 化合物➡ Na, K, H…**+1**, O…**−2 を基準**として**酸化数の合計を 0** とする。
  ➡塩は構成している酸を基準。

〔例外〕 NaH ➡ Na=+1
　　　　　　　H=−1
　　H_2O_2 ➡ H=+1
　　　　　　　O=−1

41 (1) **+1**　(2) **+3**　(3) **−1**
(4) **−2**　(5) **−2**　(6) **+5**
(7) **+6**　(8) **+7**　(9) **−3**
(10) **+4**　(11) **+5**　(12) **+6**

解き方　(1)〜(4)　単原子イオンでは，±をつけた価数が酸化数に等しい。
(5)　$x+(+1)=-1$　∴　$x=-2$
(6)　$x+(-2)\times3=-1$　∴　$x=+5$
(7)　$x+(-2)\times4=-2$　∴　$x=+6$
(8)　$x+(-2)\times4=-1$　∴　$x=+7$
(9)　$x+(+1)\times4=+1$　∴　$x=-3$
(10)　$x+(-2)\times3=-2$　∴　$x=+4$
(11)　$x+(-2)\times3=-1$　∴　$x=+5$
(12)　$x+(-2)\times4=-2$　∴　$x=+6$

テスト対策　イオンの酸化数の求め方
- 単原子イオン➡ **±をつけた価数**
- 多原子イオン➡ Na，K，H…**+1**，O…**−2** を基準とした**酸化数の合計=± をつけた価数**

42 (1) **R**　(2) **O**　(3) **O**　(4) **N**
(5) **R**　(6) **R**　(7) **N**　(8) **R**
(9) **O**　(10) **N**

解き方　(1)　Cl の酸化数の変化　0 → −1
➡減少しているから，Cl_2 は還元された。
(2)　S の酸化数　−2 → 0　より，酸化された。
(3)　Fe の酸化数　+2 → +3 より，酸化された。
(4)　S の酸化数　+4 → +4 より，いずれでもない。
(5)　Cu の酸化数　+2 → +1 より，還元された。
(6)　Mn の酸化数　+7 → +2 より，還元された。
(7)　Cr の酸化数　+6 → +6 より，いずれでもない。
(8)　H が増加しているから，還元された。
(9)　O が増加しているから，酸化された。
(10)　H_2O の減少であるから，いずれでもない。

テスト対策　酸化・還元の見分け方
- 無機物質➡**酸化数の増減**による。
  - 酸化数が｛増加した➡酸化された／減少した➡還元された
- 有機化合物➡ **O・H の増減**による。
  - ｛O が増加・H が減少➡酸化された／O が減少・H が増加➡還元された／H_2O の増減➡どちらでもない。

43 (1) Zn　(2) SO_2　(3) Cu

解き方　酸化数の変化から見分ける。
(1)　Zn…0 → +2，H…+1 → 0
よって，Zn は酸化され，H_2SO_4 は還元された。
(2)　Cl…0 → −1　，S…+4 → +6
よって，Cl_2 は還元され，SO_2 は酸化された。
(3)　Cu…0 → +2，N…+5 → +2(NO)
よって，Cu は酸化され，HNO_3 は還元された。

44 ③

解き方　下線部分の S の酸化数の変化から見分ける。
① −2 → −2　➡酸化還元反応ではない。
② +4 → +4　➡酸化還元反応ではない。
③ +6 → +4　➡ S は還元された。
④ +6 → +6　➡酸化還元反応ではない。
⑤ +4 → +6　➡ S は酸化された。

45 ②，⑤

解き方　酸化還元反応は，酸化数の変化のある原子を含む反応である。単体の原子の酸化数は 0 であり，化合物を構成している原子の酸化数は 0 ではないから，**単体が反応したり，単体が生成する反応は酸化還元反応である。**

したがって，①の Na，H_2，③の Cl_2，I_2，④の Cl_2 のように単体が関係している反応は酸化還元反応である。単体が関係していない②，⑤，⑥のうち，⑥の反応は，次のように酸化数の変化があり，酸化還元反応である。
Hg…+2 → +1，Sn…+2 → +4

テスト対策　酸化還元反応
- 酸化還元反応
  ➡酸化数の変化のある原子を含む。
  ➡**単体が関係（反応・生成）する反応は酸化還元反応である。**

46 ④

解き方　④の酸化数の変化；
Mn…+7 → +2　Fe…+2 → +3

47 ① **酸化**　② **酸化**　③ **還元**
④ **還元**　⑤ **減少**　⑥ **増加**

解き方 **酸化剤は，相手の物質を酸化**し，自分は還元されている。**還元剤は，相手の物質を還元**し，自分は酸化されている。

> **テスト対策** 酸化剤・還元剤
> - **酸化剤**として反応➡還元された物質
>   ➡**酸化数が減少した原子を含む。**
> - **還元剤**として反応➡酸化された物質
>   ➡**酸化数が増加した原子を含む。**

48 (1) **R**　(2) **O**　(3) **N**
(4) **R**　(5) **O**

解き方 **酸化剤は，酸化数が減少した原子を含み，還元剤は，酸化数が増加した原子を含む。**
(1) Cu；0 → +2　よって，還元剤
(2) Cl；0 → −1　よって，酸化剤
(3) 酸化数の変化なし。よって，いずれでもない。
(4) Fe；+2 → +3　よって，還元剤
(5) Mn；+4 → +2　よって，酸化剤

49 (1) **2，2**　(2) **3，3**　(3) **2，2**
(4) **4，2**

解き方 まず両辺の各元素の原子数を等しくし，次に電荷を等しくするように e^- に係数をつける。
(1) $H_2O_2 + 2H^+ + 2e^- \longrightarrow 2H_2O$
(2) $HNO_3 + 3H^+ + 3e^- \longrightarrow NO + 2H_2O$
(3) $H_2S \longrightarrow S + 2H^+ + 2e^-$
(4) $SO_2 + 2H_2O \longrightarrow SO_4^{2-} + 4H^+ + 2e^-$

50 (1) **ア**　(2) **オ**

解き方 (1) a　$H_2O_2 \longrightarrow H_2O$ より，O の酸化数は −1 → −2。よって，酸化剤として反応。
b　$H_2O_2 \rightarrow O_2$ より，O の酸化数は −1 → 0。よって，還元剤として反応。
(2) a では，H_2O_2 が酸化剤として，KIが還元剤として反応。よって，酸化剤としての強さは $H_2O_2 > KI$。b では，$KMnO_4$ が酸化剤として，H_2O_2 が還元剤として反応。よって，酸化剤としての強さは $KMnO_4 > H_2O_2$。
a と b から，$KMnO_4 > H_2O_2 > KI$

51 (1) $\mathbf{2MnO_4^- + 16H^+ + 10I^-}$
$\longrightarrow \mathbf{2Mn^{2+} + 8H_2O + 5I_2}$
(2) $\mathbf{MnO_4^- + 8H^+ + 5Fe^{2+}}$
$\longrightarrow \mathbf{Mn^{2+} + 4H_2O + 5Fe^{3+}}$
(3) **KI…5 mol**　**$FeSO_4$…5 mol**

解き方 各反応式を何倍かして電子 e^- を消去するように合計する。順に i 式，ii 式，iii 式とする。
(1) i 式×2＋ii 式×5
(2) i 式＋iii 式 ×5
(3) KI…反応する KI を x〔mol〕とすると，(1)のイオン反応式の MnO_4^- と I^- の係数比より，
$2 : 10 = 1\text{ mol} : x$　∴　$x = 5\text{ mol}$
$FeSO_4$…反応する $FeSO_4$ を y〔mol〕とすると，(2)のイオン反応式の MnO_4^- と Fe^{2+} の係数比より，
$1 : 5 = 1\text{ mol} : y$　∴　$y = 5\text{ mol}$

52 (1) $\mathbf{Cr_2O_7^{2-} + 8H^+ + 3H_2O_2}$
$\longrightarrow \mathbf{2Cr^{3+} + 7H_2O + 3O_2}$
(2) **0.27 mol/L**

解き方 (1) 上式 ＋ 下式 ×3
(2) 過酸化水素水の濃度を x〔mol/L〕とすると，
$$0.10\times\frac{18.0}{1000} : x\times\frac{20.0}{1000} = 1 : 3$$
∴　$x = 0.27\text{ mol/L}$

> **テスト対策** 酸化還元反応と酸化還元滴定
> - 酸化剤・還元剤の働きの反応式から酸化還元反応の反応式を導く場合
>   ➡**電子 e^- を消去するように合計する。**
> - 酸化還元滴定の計算
>   ➡酸化剤・還元剤の「**係数比 ＝ 物質量比**」による比例計算

6章 電池と電気分解

基礎の基礎を固める！ の答　➡本冊 *p.72*

❶ イオン化列　❷ 陽イオン
❸ Ca　❹ H_2
❺ Cu　❻ 酸化
❼ Pt　❽ 電解質
❾ 負　❿ 正
⓫ Zn　⓬ Cu
⓭ 硫酸亜鉛　⓮ Cu
⓯ PbO_2　⓰ H_2SO_4
⓱ $PbSO_4$　⓲ 燃料電池
⓳ 失う　⓴ 受け取る

㉑ Cl_2　㉒ O_2
㉓ Cu　㉔ H_2
㉕ 陽　㉔ ファラデー定数
㉗ **96500**

テストによく出る問題を解こう！の答 ➡本冊 *p.73*

53 ① ウ　② ア　③ エ
④ イ

解き方　金属のイオン化列は，イオン化傾向の大きいほうから順に，Li，K，Ca，Na，Mg，Al，Zn，Fe，Ni，Sn，Pb，(H_2)，Cu，Hg，Ag，Pt，Au である。

54 エ

解き方　金属**A**のイオンを含む水溶液に金属**B**の単体を入れたとき，イオン化傾向が**A**＜**B**であれば，金属**B**がイオンとなって溶け出し，金属**A**の単体が析出する。

ア　イオン化傾向は Cu ＜ Fe
イ　イオン化傾向は Ag ＜ Pb
ウ　イオン化傾向は Sn ＜ Mg
エ　イオン化傾向は Cu ＞ Ag

55 (1) オ，キ　(2) ア，ク
(3) ウ，カ　(4) イ，エ

解き方　(1) K，Na など，イオン化傾向が非常に大きい金属があてはまる。
(2) Al，Zn など，イオン化傾向が H_2 よりは大きい金属があてはまる。
(3) Cu，Ag など，イオン化傾向が小さい金属があてはまる。
(4) Pt と Au があてはまる。

テスト対策　金属の反応

- **水との反応**
  - 常温の水と反応➡ Li，K，Ca，Na
  - 熱水と反応➡ Mg
  - 高温の水蒸気と反応➡ Al，Zn，Fe
- **酸との反応**
  - 希酸と反応➡イオン化傾向が H_2 より大
  - 酸化力の強い酸と反応➡ Cu，Hg，Ag
  - 王水のみと反応➡ Pt，Au

56 **A**…イ　**B**…エ　**C**…ウ　**D**…ア

解き方　Ⅰ　**B**は常温の水と反応するから，イオン化傾向が非常に大きい金属である。➡ Na

$$2Na + 2H_2O \longrightarrow 2NaOH + H_2$$

Ⅱ　**A**は希酸と反応するから，イオン化傾向が H_2 より大きい金属である。➡ Zn

$$Zn + H_2SO_4 \longrightarrow ZnSO_4 + H_2$$

Ⅲ　**C**は酸化力が強い酸とも反応しないから，イオン化傾向が非常に小さい金属である。➡ Pt

なお，Cu は，希酸には溶けないが，酸化力の強い酸には溶ける。

$$3Cu + 8HNO_3 \longrightarrow 3Cu(NO_3)_2 + 4H_2O + 2NO$$

57 (1) ① Ag　② Pb
③ Ag　④ Cu
(2) ③

解き方　(1) 2種類の金属を電解質水溶液に浸すと，電池ができる。このとき，イオン化傾向が小さいほうの金属が正極となる。
① イオン化傾向は Cu ＞ Ag
② イオン化傾向は Zn ＞ Pb
③ イオン化傾向は Zn ＞ Ag
④ イオン化傾向は Pb ＞ Cu
(2) イオン化傾向は Zn ＞ Pb ＞ Cu ＞ Ag であるから，Zn と Ag の組み合わせのとき，電位差は最大となる。

テスト対策　電池の正極・負極

- **正極…イオン化傾向が小さい金属。**
- **負極…イオン化傾向が大きい金属。**

58 (1) **A**…$ZnSO_4$　**B**…$CuSO_4$
(2) 亜鉛板…$Zn \longrightarrow Zn^{2+} + 2e^-$
銅板…$Cu^{2+} + 2e^- \longrightarrow Cu$
(3) 銅板　(4) ア
(5) ウ

解き方　(2)〜(4) イオン化傾向が大きい Zn が Zn^{2+} となって溶液中に溶け出し，このときに Zn 板上に電子 e^- が残される。この電子は，導線を通って Cu 板に移動し，溶液中の Cu^{2+} と結びつく。
　電流は，電子とは逆向きに流れる。
(5) 溶液は通さないがイオンは通す物質で仕切る。

59 ① PbO_2　② Pb　③ **希硫酸**
④ $PbSO_4$　⑤ **小さ**　⑥ **＋(正)**
⑦ **－(負)**　⑧ **充電**
⑨ **二次電池(蓄電池)**

解き方　①～③　鉛蓄電池の構造は，
(－)Pb | H_2SO_4aq | PbO_2(＋)
④　正極での反応は，
$PbO_2 + 4H^+ + SO_4^{2-} + 2e^-$
$\longrightarrow PbSO_4 + 2H_2O$
また，負極での反応は，
$Pb + SO_4^{2-} \longrightarrow PbSO_4 + 2e^-$
⑤　各電極での反応によって SO_4^{2-} が消費されるため，希硫酸の濃度は小さくなる。
⑥～⑧　充電を行うと，各電極では，放電時と逆の反応が起こる。
⑨　二次電池は，ほかにはリチウムイオン電池などがある。これに対して，マンガン乾電池のように，充電できない電池を一次電池という。

テスト対策　鉛蓄電池
- 正極…$PbO_2 + 4H^+ + SO_4^{2-} + 2e^-$
$\longrightarrow PbSO_4 + 2H_2O$
- 負極…$Pb + SO_4^{2-} \longrightarrow PbSO_4 + 2e^-$
- 全体…$Pb + PbO_2 + 2H_2SO_4$
$\longrightarrow 2PbSO_4 + 2H_2O$
- 充電時は，**放電時と逆の反応**が起こる。

60 (1)　正極…$PbO_2 + 4H^+ + SO_4^{2-} + 2e^-$
$\longrightarrow PbSO_4 + 2H_2O$
負極…$Pb + SO_4^{2-}$
$\longrightarrow PbSO_4 + 2e^-$
(2)　正極…**96.0 g 増加する。**
負極…**144 g 増加する。**

解き方　(2)　2 mol の電子が流れたとき，正極では 1 mol の PbO_2(239 g)が 1 mol の $PbSO_4$(303 g)に変化するから，3 mol の電子が流れたときに増加する質量は，
$$(303-239)\times\frac{3}{2}=96.0\ \text{g}$$
また，2 mol の電子が流れたとき，負極では 1 mol の Pb(207 g)が 1 mol の $PbSO_4$(303 g)に変化するから，3 mol の電子が流れたときに増加する質量は，
$$(303-207)\times\frac{3}{2}=144\ \text{g}$$

61 (1)　陽極…Cl_2　陰極…H_2
(2)　陽極…O_2　陰極…Ag
(3)　陽極…O_2　陰極…H_2
(4)　陽極…O_2　陰極…H_2
(5)　陽極…O_2　陰極…Cu

解き方　(1)　陽極…$2Cl^- \longrightarrow Cl_2 + 2e^-$
陰極…$2H_2O + 2e^- \longrightarrow H_2 + 2OH^-$
(2)　陽極…$2H_2O \longrightarrow O_2 + 4H^+ + 4e^-$
陰極…$Ag^+ + e^- \longrightarrow Ag$
(3)　陽極…$2H_2O \longrightarrow O_2 + 4H^+ + 4e^-$
陰極…$2H_2O + 2e^- \longrightarrow H_2 + 2OH^-$
(4)　陽極…$4OH^- \longrightarrow 2H_2O + O_2 + 4e^-$
陰極…$2H_2O + 2e^- \longrightarrow H_2 + 2OH^-$
(5)　陽極…$2H_2O \longrightarrow O_2 + 4H^+ + 4e^-$
陰極…$Cu^{2+} + 2e^- \longrightarrow Cu$

テスト対策　白金電極を用いた電気分解
- **陽極**
  - Cl^-，I^- がある場合➡ Cl_2，I_2 発生
  - OH^-, SO_4^{2-}, NO_3^- しかない場合➡ O_2 発生
- **陰極**
  - Cu^{2+}，Ag^+ がある場合➡ Cu，Ag 析出
  - K^+, Ca^{2+}, Na^+, Mg^{2+}, Al^{3+} しかない場合
➡ H_2 発生

62 (1)　陽極…$2H_2O \longrightarrow O_2+4H^++4e^-$
陰極…$Cu^{2+}+2e^- \longrightarrow Cu$
(2)　陽極…$Cu \longrightarrow Cu^{2+}+2e^-$
陰極…$Cu^{2+}+2e^- \longrightarrow Cu$

テスト対策　銅電極を用いた電気分解
陽極では，極板の Cu が Cu^{2+} となって溶け出す。
$Cu \longrightarrow Cu^{2+}+2e^-$

63 (1)　**9650 C**　(2)　**0.10 mol**
(3)　陽極…**塩素**　陰極…**銅**
(4)　陽極…**1.12 L**　陰極…**3.18 g**

解き方　(1)　$5.00\times(32\times60+10)=9650$ C
(2)　$F=96500$ C/mol であるから，
$$\frac{9650}{96500}=0.10\ \text{mol}$$
(3), (4)　陽極で起こる反応は，
$2Cl^- \longrightarrow Cl_2 + 2e^-$
よって，発生する塩素の標準状態での体積は，

$$22.4 \times 0.100 \times \frac{1}{2} = 1.12\ \text{L}$$

また，陰極で起こる反応は，

$$Cu^{2+} + 2e^- \longrightarrow Cu$$

よって，析出する銅の質量は，

$$63.5 \times 0.100 \times \frac{1}{2} = 3.175 \fallingdotseq 3.18\ \text{g}$$

入試問題にチャレンジ！の答

➡本冊 *p.76*

1 35.5

解き方 塩素の原子量は，

$$35.0 \times \frac{75.8}{100} + 37.0 \times \frac{24.2}{100} \fallingdotseq 35.5$$

2 オ

解き方 この金属原子の価数が3であることから，元素記号を M とすると，酸化物の化学式は，M_2O_3 と表される。この金属の原子量を x とすると，原子量が O=16.0 より，酸化物の式量は，

$$2x + 16.0 \times 3$$

$2M \longrightarrow M_2O_3$ より，次の関係がある。

$$11.2 : 16.0 = 2x : (2x + 16.0 \times 3)$$

$$\therefore\ x = 56.0$$

〔別解〕化合した酸素の質量は，

$$16.0\ \text{g} - 11.2\ \text{g} = 4.80\ \text{g}$$

酸化物の金属と酸素の原子数比が 2：3 より，

$$\frac{11.2}{x} : \frac{4.80}{16.0} = 2 : 3 \quad \therefore\ x = 56.0$$

3 (1) ア (2) エ (3) オ

解き方 プロパン C_3H_8 の分子量は 44.0 より，モル質量 44.0 g/mol。よって，プロパン 11 g の物質量は $\frac{11\ \text{g}}{44.0\ \text{g/mol}} = 0.25\ \text{mol}$

(1) $22.4\ \text{L/mol} \times 0.25\ \text{mol} = 5.6\ \text{L}$

(2) プロパン C_3H_8 1 分子に H 原子が 8 個含まれるから，$0.25\ \text{mol} \times 8 = 2.0\ \text{mol}$

(3) プロパンを燃焼させたときの化学反応式は，

$$C_3H_8 + 5O_2 \longrightarrow 3CO_2 + 4H_2O$$

プロパン C_3H_8 1 mol を燃焼させるのに 5 mol の O_2 が必要であるから，プロパン 11 g の燃焼に必要な O_2 の物質量は，

$$0.25\ \text{mol} \times 5 = 1.25\ \text{mol}$$

その質量は，O_2 のモル質量 32.0 g/mol より，

$$32.0\ \text{g/mol} \times 1.25\ \text{mol} = 40\ \text{g}$$

4 A ① B ⑤ C ②

解き方 ① 式量が NaCl=58.5 より 5.85 g の物質量は，

$$\frac{5.85\ \text{g}}{58.5\ \text{g/mol}} = 0.100\ \text{mol}$$

$NaCl \longrightarrow Na^+ + Cl^-$ より，

20 mL 中のイオンの物質量は，

$$0.100 \times \frac{20}{1000} \times 2 = 4 \times 10^{-3}\ \text{mol}$$

② ブドウ糖は非電解質であるから 0。

③ 式量が Na_2SO_4=142.1，

$Na_2SO_4 \longrightarrow 2Na^+ + SO_4^{2-}$ より，10 mL 中のイオンの物質量は，

$$\frac{14.2}{142.1} \times \frac{10}{1000} \times 3 = 3 \times 10^{-3}\ \text{mol}$$

④ 酢酸の電離度は小さく，イオンはごくわずか。

⑤ $HCl \longrightarrow H^+ + Cl^-$ より，10 mL 中のイオンの物質量は，

$$0.10 \times \frac{10}{1000} \times 2 = 2 \times 10^{-3}\ \text{mol}$$

よって，イオンの多い順は①>③>⑤>④>②

5 エ

解き方 1 L(1000 mL) 中の塩化ナトリウムの物質量を求める。式量が NaCl=58.5 より，

$$1000 \times 1.00 \times \frac{0.03}{100} \times \frac{1}{58.5} \fallingdotseq 5 \times 10^{-3}\ \text{mol/L}$$

6 (1) $2C_2H_2 + 5O_2 \longrightarrow 4CO_2 + 2H_2O$ (2) 9.0 g (3) 5.8 g

解き方 (1) まず反応物を左辺，生成物を右辺に書いて矢印で結ぶ。最も複雑な C_2H_2 の係数を 1 として，C，H，O の順で数を合わせる。

(2) 化学反応式より，反応するアセチレン C_2H_2 と生成する水 H_2O の物質量は等しく，分子量が H_2O=18.0 より，

$$18.0\ \text{g/mol} \times 0.50\ \text{mol} = 9.0\ \text{g}$$

(3) 分子量が C_2H_2=26.0 より，

$$26.0\ \text{g/mol} \times \frac{5.0\ \text{L}}{22.4\ \text{L/mol}} \fallingdotseq 5.8\ \text{g}$$

7 b，e

解き方 プロパン 22 g の物質量は，分子量が C_3H_8=44 より，$\frac{22\ \text{g}}{44\ \text{g/mol}} = 0.50\ \text{mol}$

$C_3H_8 + 5O_2 \longrightarrow 3CO_2 + 4H_2O$

a 生成する H_2O の物質量は,

$0.50\ \mathrm{mol} \times 4 = 2\ \mathrm{mol}$

b 生成する CO_2 の標準状態での体積は,

$22.4\ \mathrm{L/mol} \times 0.50\ \mathrm{mol} \times 3 = 33.6\ \mathrm{L}$

c 反応した O_2 の標準状態での体積は,

$22.4\ \mathrm{L/mol} \times 0.50\ \mathrm{mol} \times 5 = 56\ \mathrm{L}$

残った O_2 の体積は, $60\ \mathrm{L} - 56\ \mathrm{L} = 4\ \mathrm{L}$

d C_3H_8 の標準状態での体積は,

$22.4\ \mathrm{L/mol} \times 0.50\ \mathrm{mol} = 11.2\ \mathrm{L}$

e 必要な O_2 の物質量は, $0.50\ \mathrm{mol} \times 5 = 2.5\ \mathrm{mol}$

8 30 mL

解き方 生じた O_3 の標準状態での体積 x〔mL〕とすると, 反応した O_2 の体積は $\frac{3}{2}x$〔mL〕であるから,

$$\frac{3}{2}x - x = 200 - 185 \quad \therefore \quad x = 30\ \mathrm{mL}$$

9 エ

解き方 **a**・**b**・**d** は, H^+ を与えているから酸である。**c**・**e** は, H^+ を受け取っているから塩基である。

10 ① ケ ② オ ③ カ ④ キ ⑤ シ

解き方 ② $HCl \longrightarrow H^+ + Cl^-$ において, 電離度1では $[H^+] = 1\times10^{-3}\ \mathrm{mol/L}$

よって, pH = 3

③ $NaOH \longrightarrow Na^+ + OH^-$ において, 強塩基であるから $[OH^-] = 1\times10^{-3}\ \mathrm{mol/L}$

水のイオン積 $K_w = 1\times10^{-14}\ \mathrm{mol^2/L^2}$ より,

$$[H^+] = \frac{1\times10^{-14}\ \mathrm{mol^2/L^2}}{1\times10^{-3}\ \mathrm{mol/L}} = 1\times10^{-11}\ \mathrm{mol/L}$$

よって, pH = 11

④ pH=10 は $[H^+] = 1\times10^{-10}\ \mathrm{mol/L}$

pH=12 は $[H^+] = 1\times10^{-12}\ \mathrm{mol/L}$

よって, $\dfrac{1\times10^{-10}\ \mathrm{mol/L}}{1\times10^{-12}\ \mathrm{mol/L}} = 100$ 倍

⑤ 強酸と強塩基の水溶液の中和滴定の指示薬としては, メチルオレンジでもフェノールフタレインでも使用できる。

11 11

解き方 HCl の物質量は,

$$1.00\times10^{-3} \times \frac{10.0}{1000} = 1.00\times10^{-5}\ \mathrm{mol}$$

NaOH の物質量は,

$$3.00\times10^{-3} \times \frac{10.0}{1000} = 3.00\times10^{-5}\ \mathrm{mol}$$

$$[OH^-] = (3.00\times10^{-5} - 1.00\times10^{-5}) \times \frac{1000}{20.0} = 1.00\times10^{-3}\ \mathrm{mol/L}$$

$$[H^+] = \frac{1\times10^{-14}\ \mathrm{mol^2/L^2}}{1\times10^{-3}\ \mathrm{mol/L}} = 1\times10^{-11}\ \mathrm{mol/L}$$

よって, pH = 11

12

(1) **A…ホールピペット　B…ビュレット**

(2) $CH_3COOH + NaOH \longrightarrow CH_3COONa + H_2O$

(3) **b**, 色の変化…**無色から赤色**

(4) **7.50×10^{-2} mol/L**　(5) **22.5 g**

解き方 (1) **A** 溶液を正確に 20.0 mL をとる器具はホールピペット。

B 溶液の滴下した体積を測る器具はビュレット。

(3) 弱酸の酢酸と強塩基の水酸化ナトリウム水溶液の滴定であるから, 指示薬は変色域が塩基性のフェノールフタレインである。

(4) 10倍に薄めた食酢の濃度を x〔mol/L〕とすると,

$$x \times \frac{20.0}{1000} = 0.100 \times \frac{15.0}{1000}$$

$\therefore \quad x = 7.50\times10^{-2}\ \mathrm{mol/L}$

(5) もとの食酢の濃度は,

$7.50\times10^{-2}\ \mathrm{mol/L} \times 10 = 7.50\times10^{-1}\ \mathrm{mol/L}$

500 mL 中の物質量は,

$$7.50\times10^{-1} \times \frac{500}{1000} = 3.75\times10^{-1}\ \mathrm{mol}$$

酢酸の質量は, 分子量が $CH_3COOH = 60.0$ より,

$60.0\ \mathrm{g/mol} \times 3.75\times10^{-1}\ \mathrm{mol} = 22.5\ \mathrm{g}$

13 ⑥

解き方 0.10 mol/L の強酸の pH は約1であるから, 図の水酸化ナトリウム水溶液の滴下量0の pH が **a** が3～4, **b** が約1であることから, **a** は弱酸, **b** は強酸である。よって, **a** は酢酸。

中和点の水酸化ナトリウム水溶液の滴下量が, **a** が 10 mL, **b** が 20 mL であることから, **b** は2価の強酸であり, 硫酸である。

14 ウ

解き方　ア　強酸の H_2SO_4 と弱塩基の $Cu(OH)_2$ からなる正塩で酸性を示す。

イ　強酸の H_2SO_4 と強塩基の NaOH からなる正塩でほぼ中性を示す。

ウ　弱酸の H_2CO_3 と強塩基の NaOH からなる酸性塩で弱塩基性を示す。

エ　強酸の HCl と弱塩基の NH_3 からなる正塩で酸性を示す。

オ　強酸の HNO_3 と強塩基の KOH からなる正塩でほぼ中性を示す。

15 (1) **+2**　(2) **+7**　(3) **+2**　(4) **+4**

解き方　(1)　単原子イオンの原子の酸化数は，±をつけた価数であるから +2。

(2)　$(+1)+x+(-2)\times4=0$　∴　$x=+7$

(3)　$x+(-2)=0$　∴　$x=+2$

(4)　$x+(-2)\times2=0$　∴　$x=+4$

16 (1) **0**　(2) **3**　(3) **0**　(4) **1**　(5) **1**

解き方　原子の，酸化数が増加した➡酸化された

酸化数が減少した➡還元された

酸化数が変化しない➡どちらでもない

(1)　Cr…+6 → +6　➡どちらでもない

(2)　O…$H_2O_2 \rightarrow O_2$ ➡ −1 → 0，$H_2O_2 \rightarrow H_2O$ ➡ −1 → −2　➡酸化も還元もされる

(3)　S…$NaHSO_3 \rightarrow SO_2$ ➡ +4 → +4 ➡どちらでもない

(4)　S…−2 → 0　➡酸化された

(5)　O…−2 → 0　➡酸化された

17 (1) 酸化剤…SO_2　還元剤…H_2S　(2) ×　(3) 酸化剤…H_2O_2　還元剤…KI

解き方　酸化剤…酸化数が減少する原子を含む。

還元剤…酸化数が増加する原子を含む。

(1)　$SO_2 \rightarrow S$；S…+4 → 0

よって，SO_2 は酸化剤

$H_2S \rightarrow S$；S…−2 → 0

よって，H_2S は還元剤

(2)　酸化数の変化する原子がない。

(3)　$KI \rightarrow I_2$；I…−1 → 0　よって，KIは還元剤

$H_2O_2 \rightarrow H_2O$；O…−1 → −2

よって，H_2O_2 は酸化剤

⑦

18 (1) 酸素…**−1**　マンガン…**+7**

(2) $$2MnO_4^- + 6H^+ + 5H_2O_2 \longrightarrow 2Mn^{2+} + 5O_2 + 8H_2O$$

(3) **1.2 mol/L**

解き方　(1)　H_2O_2 の O の酸化数を x とすると，

$(+1)\times2+x\times2=0$　∴　$x=-1$

$KMnO_4$ の Mn の酸化数を y とすると，

$(+1)+y+(-2)\times4=0$　∴　$y=+7$

(3)　オキシドールの濃度を x〔mol/L〕とすると，(2)のイオン反応式の MnO_4^- と H_2O_2 の係数比より，

$$0.020\times\frac{23.5}{1000} : \frac{x}{10}\times\frac{10.0}{1000}=2:5$$

∴　$x=1.175 \fallingdotseq 1.2$ mol/L

硫酸を加えたのは，水溶液を酸性にして，$KMnO_4$ の酸化力を強めるためである。

19 ア

解き方　イオン化傾向の大きいほうの金属がイオンとなって溶ける。よって鉄よりイオン化傾向の大きい Al がめっきされていると鉄の腐食(酸化)を防ぐ。

20 (1) **a，c，d**　(2) **d，1.00×10^{-2} mol**

解き方　各極の反応は次の通り。

a　陽極…$2I^- \longrightarrow I_2 + 2e^-$

陰極…$2H_2O + 2e^- \longrightarrow H_2\uparrow + 2OH^-$

b　陽極…$2H_2O \longrightarrow O_2\uparrow + 4H^+ + 4e^-$

陰極…$Ag^+ + e^- \longrightarrow Ag$

c　陽極…$4OH^- \longrightarrow O_2\uparrow + 2H_2O + 4e^-$

陰極…$2H_2O + 2e^- \longrightarrow H_2\uparrow + 2OH^-$

d　陽極…$2Cl^- \longrightarrow Cl_2\uparrow + 2e^-$

陰極…$2H^+ + 2e^- \longrightarrow H_2\uparrow$

(2)　電子の物質量は，$\dfrac{9.65\times10^2}{9.65\times10^4}=0.0100$ mol

発生する気体の物質量は，

H_2 と Cl_2 は，$0.0100\ \text{mol}\times\dfrac{1}{2}$

O_2 は，$0.0100\ \text{mol}\times\dfrac{1}{4}$

よって，最大は **d** であり，

$$0.0100\ \text{mol}\times\frac{1}{2}\times2=0.0100\ \text{mol}$$